中学生读本

安全应急与避险常识

主编 吴宗辉 江信忠

U0241175

西南师范大学出版社
国家一级出版社 全国百佳图书出版单位

图书在版编目（CIP）数据

安全应急与避险常识：中学生读本 / 吴宗辉，江信
忠主编. — 重庆：西南师范大学出版社，2017.12（2020.10重印）
ISBN 978-7-5621-9130-8

Ⅰ.①安… Ⅱ.①吴… ②江… Ⅲ.①安全教育 - 青
少年读物 Ⅳ.①X956-49

中国版本图书馆CIP数据核字(2017)第316664号

安全应急与避险常识：中学生读本

主　审◎曹型远

主　编◎吴宗辉　江信忠

责任编辑：周明琼
装帧设计：汤　立
封面插图绘画：野生绘画设计工作室
内文插图绘画：张　昆　冯　婷　余兰川　骆　阳
出版发行：西南师范大学出版社
地　　址：重庆市北碚区天生路2号
邮　　编：400715　电话:023-68868624
网　　址：http://www.xscbs.com
印　　刷：重庆市国丰印务有限责任公司
开　　本：680mm×950mm 1/16
印　　张：10.5
字　　数：142千字
版　　次：2018年2月第1版
印　　次：2020年10月第5次印刷
书　　号：ISBN 978-7-5621-9130-8
定　　价：19.80元

本书若有印装质量问题，请与本社发行部联系。电话：023-68868624。

安全应急与避险常识
丛书编委会

编委会主任：杨　平

编委会副主任：曹型远　罗　菁

编委会成员：杨　瑜　朋向平　江信忠　和　梅　郑佳眏

中学生读本

主　编：吴宗辉　江信忠

副主编：郑佳眏　和　梅　曹型厚　艾远鹏

编　者：樊　杨　刘芠如　危　谊　熊　瑜　何　艳

　　　　李　娟　陈　颖　李　亮　程　杰　董　艳

　　　　范永红　戴　璘　叶林梅　刘　敏　李柔燕

　　　　李　涛　张夑燕　侯永康　申海谊　谈文建

　　　　吴彦宏　戴　丽　孙　玥

生命是美丽的，

对人来说，

美丽不可能与人体的正常发育和人体的健康分开。

——车尔尼雪夫斯基

序言

　　"安全教育，从小抓起，持之以恒，必有效益。"《安全应急与避险常识——中学生读本》的出版面世，是全面落实健康中国发展战略、促进中学生健康成长的重要举措，体现了学校卫生管理队伍追梦教育的执着与坚韧，值得点赞！

　　随着时代的进步、社会的发展，学生活动的领域越来越广泛，安全也显得愈加重要。保障学生健康安全地成长，仅靠枯燥的说教是不够的，只有进一步拓宽教育的渠道、丰富教育的形式，才能增强健康安全教育的效果。本次出版的读本，能够教给中学生日常生活中一些基本的自救互救技能和预防措施，增强自身安全健康意识，提升自我保护能力，最终实现减小伤害和预防伤害的目标。

　　读本精选了45项意外伤害、应急事件、自然灾害等中学生频发的安全问题的应急与避险知识，如"蛇咬伤""异物入耳""运动性腹痛""艾滋病""校园欺凌""踩踏伤""网络成瘾""泥石流"等。读本采取一事一评的体例，用生动鲜活的案例引出主题，吸引孩子们的注意力；简单实用的知识点，有助孩子们判断突发状况；简明扼要的应对措施，助力孩子们正确快速应对紧急情况；明确指出错误处理方法，帮助孩子们避免错误操作带来的二次伤害；贴心的预防知识，引导孩子们远离危险和发现自然灾害的前兆。读本通过通俗易懂的语言、形象生动的漫画、简单实用的操作视频等，增强了阅读性、启发性和趣味性，让孩子们在"学一学、想一想、做一做"中有效地掌握相关的知识和技能，最大限度地应急避险，减小伤害。

读本是孩子们的良师益友，也给广大家长和教师对孩子进行安全避险常识教育提供了参考。广大中学生通过读本掌握安全应急和避险常识，将提升中小学校健康安全教育水平，促进青少年健康成长，为他们的终身发展奠定良好的健康基础，为健康中国的实现做出积极贡献。

杨平

目录

CONTENTS

滚烫的伤痛
◀ 烧烫伤 ▶

据《湘潭晚报》报道，因迷恋世界杯赛事，湖南省湘潭市某中学的学生李新宇（化名）还未洗完澡便从浴室跑出来看比赛。等他再次返回浴室时，错把装满开水的水桶往身上浇，滚烫的开水将其全身60%的面积烫伤。据主治医生透露，每年因开水烫伤来医院就诊的学生很多，因此而受伤的学生的生活、学习甚至外貌都将受到一定影响。

 知识点

1. 烧烫伤

烧伤一般指热力，包括热液（水、汤、油等）、蒸汽、高温气体、火焰、炽热金属液体（如钢水）或固体（如钢锭）等所引起的组织损害，主要指皮肤和（或）黏膜，严重者也可伤及皮下和（或）黏膜下组织，如肌肉、骨、关节甚至内脏。

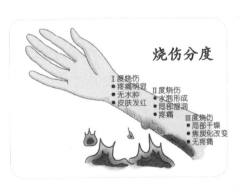

烫伤是由热液、蒸汽等所引起的组织损伤，是热力烧伤的一种。

2. 烧伤的分度

Ⅰ度烧伤：又称红斑性烧伤，仅伤及表皮浅层。受伤部位皮肤呈红斑状，有干燥烧灼感，且疼痛明显，一般在烫伤后3～7天内愈合，

可有蜕皮、色素沉着等现象，但不留瘢痕。

浅Ⅱ度烧伤：伤及整个表皮及真皮浅层。皮肤表现为红肿明显，可出现大小不一的水泡，内有淡黄色清亮液体。水泡破裂后，创面红润、潮湿，且有剧烈疼痛感，如无继发性感染，1～2周可愈合，一般不留瘢痕，但多数会有色素沉着（愈合后伤处皮肤颜色变深）。

深Ⅱ度烧伤：烧伤深及皮肤真皮乳头层以下。烫伤深浅不完全一致。伤处皮肤有肿胀、水泡现象，水泡破裂后可见创面微湿，红白相间斑纹状，感觉及疼痛迟钝。接受换药治疗及预防感染后3～4周可愈合，常留增生性瘢痕。

Ⅲ度烧伤：又称焦痂性烧伤。伤及皮肤全层，甚至可达皮下脂肪、肌肉、骨骼，其皮肤呈焦炭化改变，类似皮革样，受伤部位干燥、无流血、无流液，皮肤感觉丧失，针刺无痛觉。治疗较困难，需待焦痂脱落后进行植皮术，痊愈后会留明显瘢痕，甚至会导致不同程度的畸形，影响烫伤部位功能。

👍 正确处理措施

烧伤后早期及时有效的处理，可以减轻烧伤者的烧伤程度，降低并发症发生率和死亡率，对烧伤者的预后起着至关重要的作用。

1. 立刻远离热源

包括扑灭火焰、脱去着火或被开水浸湿的衣物。当衣物较紧身时可用剪刀剪开，不能强行撕扯，以免将皮肤撕脱。如果是着火，应用湿毛巾捂住口鼻，沿上风方向立即离开密闭或通风不良的着火现场。

2. 降温处理

立即用花洒喷出来的凉水冲淋受伤部位或者直接将受伤部位浸泡在冷水中0.5～1小时。注意花洒的水流速度不能太大，因为水压过高可能会导致皮肤破溃，增加感染概率。也可在冷水中加入冰块制成冰水，再用毛巾浸湿冰水后覆盖创面降温。

3. 保护伤口

用干净毛巾或布块完全覆盖创面，简单包扎后立即前往医院处理。

 **错误应对方法**

（1）在伤处涂抹牙膏、酱油等物质，影响医生判断伤情。

（2）在伤处涂撒药粉，影响医生判断伤情，增加清创难度。

（3）自行撕破水泡，增加感染概率。

（4）冰块直接置于创面上，造成冻伤。

预防·小贴士

烧烫伤的处理

（1）住校学生建议购买金属暖水瓶，避免玻璃瓶胆炸裂引发烫伤。

（2）避免直接拿取或运送温度较高的水杯和刚煮熟的食物、饮品等，应该使用毛巾衬垫或戴隔热手套。

（3）冬天使用的热水袋温度不能过高，应先用干毛巾包裹热水袋，再将其置于皮肤之上。

（4）搭乘摩托车时要先看清排烟管的位置，下车时特别注意腿部千万不可接触排烟管。

（5）洗澡时应该先放冷水，再放热水，以免烫伤。

（6）远离危险物品，如强酸、强碱及易燃、易爆物品。

（7）不要玩火，放烟花时注意安全。

（8）安全用电、用火。

二 神奇的"价格疗法"
◆ 扭伤 ◆

据《南方都市报》报道，费城 76 人队的 2017 年 NBA 状元秀富尔茨，在拉斯维加斯进行比赛，防守勇士队后卫布朗时踩到后者的脚后跟，不幸扭伤了脚踝，富尔茨将无法在当年夏季联赛中出场……

💡 知识点

扭伤是运动损伤中最常见的一类。通常是在剧烈运动或姿势不当时，关节过度运动导致关节周围软组织（包

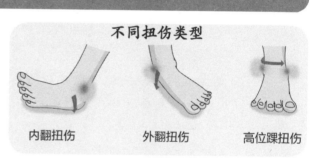

不同扭伤类型

内翻扭伤　外翻扭伤　高位踝扭伤

括韧带、肌肉、肌腱、血管等）损伤，严重者可致骨裂。

（1）扭伤的主要表现：受伤部位肿胀、疼痛，活动关节疼痛加强，有时还会出现皮下瘀血等。

（2）常见扭伤部位：踝关节、膝关节、腕关节、指关节、腰部、肩关节、肘关节、髋关节等。

👍 正确处理措施

　　扭伤后及时正确的应急处理对伤后修复愈合具有重要作用。正确的处理为价格疗法（"PRICE"疗法，亦称"P+ 大米疗法"）。

　　P：protection，保护。在受伤后保持自己感觉不痛或疼痛最轻的姿势，即"保护性体位"，并尽量固定住受伤部位，避免活动加重损伤。

　　R：rest，休息。受伤后立即停止运动，恢复期间也禁止剧烈运动。扭伤后根据医生嘱咐休息足够长的时间，同一部位反复损伤时休息时间应延长。

用毛巾、布条包裹冰块或冰袋

　　I：ice，冰敷。无皮肤损伤时，可利用毛巾或布条（块）包裹冰袋、冰块、冰冻饮料甚至是冰淇淋对受伤部位进行冰敷降温，能明显减轻疼痛、肿胀及出血。每次冰敷持续时间 15 ～ 20 分钟，受伤后 48 小时内每隔 3 ～ 4 小时可重复进行。

　　C：compression，加压包扎。利用纱布绷带、弹力绷带对受伤部位进行包扎。包扎时稍微用力，不可包裹太紧。如包扎后手指、脚趾感觉麻木，指甲出现乌紫等症状，说明绷带过紧，可导致身体组织缺血肿胀，甚至坏死，应松开重新包扎。

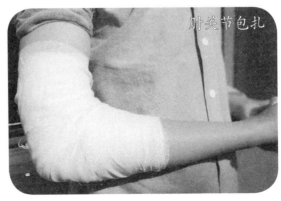

肘关节包扎

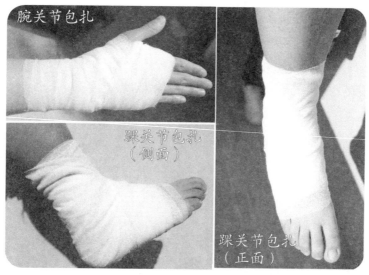

腕关节包扎

踝关节包扎
（侧面）

踝关节包扎
（正面）

E：elevation，抬高患肢。将受伤部位抬高，可促进血液回流，减轻肿胀、出血。如手腕高于肘关节、脚抬至高于大腿根部的位置等。

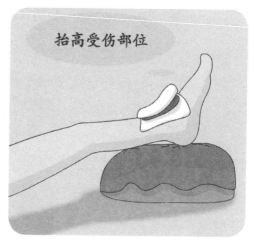

抬高受伤部位

在做完上述处理后，应及时到医院就诊检查，排除韧带断裂、骨折等严重情况。

错误应对方法

（1）认为受伤后还能行走，就一定没有骨折。

（2）认为软组织损伤不要紧，消肿后就又可剧烈运动。

（3）认为韧带损伤不严重，虽有疼痛，但不影响运动和行走，可以不引起重视，继续进行运动。

（4）扭伤后早期（48 小时内）进行揉搓、热敷、局部应用跌打损伤药酒等，从而加重肿胀、出血。

扭伤的处理

（1）运动方法要合理。要掌握正确的运动方法和运动技能，科学地增加运动量。

（2）准备活动要充分。充分的准备活动可使肌肉、韧带完全放松，延展性增大，减小受伤概率。

（3）注意间隔性放松休息。运动中要适当休息，缓解肌肉疲劳，防止因身体运动部位负担过重而出现运动损伤。

（4）防止局部负担过重。运动量过分集中在身体某一部位，会造成身体局部负担过重而引起运动损伤。

（5）加强易伤部位肌肉力量练习，可以防止损伤的发生。

（6）对于反复损伤的部位，运动时应佩戴相应的护具，如护膝、护踝等。

三 脆弱的脊柱 ◄高处跌落伤►

阳台走廊是学生们课间主要的活动空间，嬉笑打闹再所难免。据报道，曾有同学不小心从阳台上坠落于地面，结果造成高位截瘫，终生卧床！

📖 知识点

高处跌落伤是指人体从高处以自由落体运动坠落，与地面或某种物体碰撞发生的损伤。高处跌落伤一般为脊椎损伤、内脏损伤和骨折，也可是几者同时出现的复合伤。维持伤者的呼吸、心跳，正确地固定搬运、及时救治极其重要。

👍 正确处理措施

1. 评估环境

先观察周围环境，确定没有再次引发危险的可能。

2. 判断意识

如果遇到他人受伤，则大声呼喊伤者，观察有无回应，再用耳朵靠近其嘴巴和鼻子，感知是否有呼吸，然后用手触摸颈动脉，感知有没有血管搏动；如果没有呼吸和颈动脉搏动，立即拨打 120 急救电话，同时实施心肺

颈动脉位置为从喉结处向一侧滑动大约两横指处

用手测试颈动脉搏动

复苏。如果是自己受伤，则可大声呼救，或者吹口哨求救。

3. 判断伤情

根据伤者的描述初步判断受伤部位和可能造成的损伤，如头面部损伤、脊柱损伤、四肢骨折、皮肤破裂等，根据不同的伤情采取对应的处理措施。如果是自己受伤，则尽量保持不动或疼痛最轻的姿势。

4. 固定搬运

（1）颌面部损伤　用手清除口腔异物和假牙、血凝块、分泌物等，同时解开颈部、胸部纽扣，抬起下颌，再将头偏向一侧，保持呼吸道畅通。

（2）脊柱外伤　保持受伤时的脊柱位置和呼吸道畅通。搬运伤者时要多人合力在一个平面的基础上平移到硬板担架或木板上进行固定。千万不可一人或两人搬运伤者，否则会造成伤者受伤的脊柱移位、断裂，从而导致瘫痪或生命危险。

（3）四肢骨折

详见《受伤的"白骨精"——骨伤》。

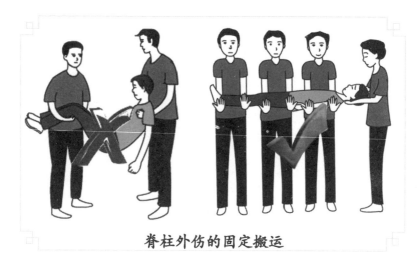

脊柱外伤的固定搬运

（4）皮肤破裂

详见《跑偏的血流——割擦伤》。

 错误应对方法

（1）不评估环境，不顾自己安危，盲目施救。

（2）随意搬动伤者，尤其是脊柱损伤的患者。

（3）用力摇晃不明原因昏迷的伤者。

（4）自己受伤后随意活动身体、挣扎。

预防小·贴士

现场搬运方法

（1）在高处作业、玩耍时必须采取安全的保护措施。

（2）不在没有安全护栏的边缘停留、打闹。

流血的脚底
◆ 脚扎伤 ◆

家住河北省衡水市景县庙镇的59岁老人张某被铁钉扎伤脚底板，未及时就诊处理。1周后，张某出现浑身大汗、呼吸困难且四肢抽搐、僵硬、活动受限等症状，入院就医，被诊断为破伤风杆菌感染，最后医治无效死亡。

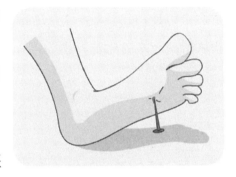

知识点

像这种脚被铁钉、玻璃、竹签扎伤的事件在生活中并不少见。这类损伤的共同特点是：伤口细、深，外口小、污染重，不易清洗、消毒，伤口易感染，尤其是厌氧菌，如破伤风杆菌、产气荚膜杆菌等。一旦感染，都会引起严重并发症，甚至威胁生命安全。

破伤风是破伤风杆菌经由皮肤或黏膜伤口侵入人体，在缺氧环境下生长繁殖，产生毒素而引起肌痉挛的一种特异性感染。发病时以牙关紧闭、阵发性痉挛、强直性痉挛为主要表现。破伤风潜伏期通常为

7～8天，也可短至24小时或长达数月、数年。约90%的患者在受伤后2周内发病。患病后无持久免疫力，故可反复感染。如果以泥土、香灰、柴灰等土法敷伤口，更容易感染致病。因此要规范消毒处理伤口，及时注射破伤风抗毒素或破伤风免疫球蛋白。

👍 正确处理措施

（1）拔出扎得浅的铁钉、玻璃或竹签，用力挤压伤口尽量排血，排血可以使伤口内的污物或细菌流出一部分，尽量将伤口掰开用过氧化氢溶液（双氧水）冲洗伤口，然后用碘伏反复消毒。

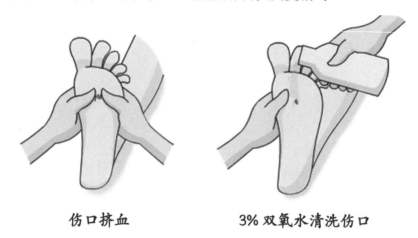

伤口挤血　　　　　　3% 双氧水清洗伤口

（2）可以局部涂抹抗生素药膏，同时遵循医嘱口服抗生素；在伤口愈合前不能沾水。

（3）受伤后24小时内到医院注射破伤风抗毒素或破伤风免疫球蛋白。

（4）如果是很细微的竹刺或小玻璃碴扎进皮肤，肉眼看不见，仪器也不容易检查到，应及时到医院就诊。

✋ 错误应对方法

（1）认为铁钉扎伤伤口小，不要紧，不重视。

（2）不清理伤口、不消毒，直接包扎伤口。

锐器扎伤的处理

（1）尽量避免去建筑工地和堆放杂物的地方玩耍。

（2）应小心谨慎拿捏竹制品，尽量不要用手来回摩擦，容易有细小的竹刺扎进皮肤里。

（3）走路时留心脚下，不要光脚行走。

被调换的矿泉水
← 化学灼伤 →

据网易新闻报道，云南熊先生一家人到地里收割橡胶。收割橡胶需要辅助材料甲酸，为了方便携带，熊先生用550毫升的矿泉水瓶装了一瓶甲酸。一家人忙着割胶，儿子小康一人在橡胶林玩耍，口渴了误将装有甲酸的矿泉水瓶打开，正准备喝，被刺鼻的味道熏到，慌乱中打翻瓶子，里面的甲酸液体洒出，小康的面部、手部被严重烧伤……

知识点

生活中常见的强酸、强碱、腐蚀性化学制剂及易燃物品有王水、浓盐酸、浓硫酸、浓硝酸、高氯酸、氢碘酸、氢溴酸、氢氧化钾、氢氧化钠（苛性钠）、石灰、磷及乙醚等。这些化学物质直接接触皮肤后所造成的不同程度的损伤称为化学灼伤。损伤的程度与化学物质的化学性质、接触部位、接触时间相关。化学物质的酸性或碱性越强，腐蚀性越强；人体器官中的黏膜比皮肤更容易受损，如眼球的球结膜就属于黏膜；接触时间越久，损伤越重。

👍 正确处理措施

冲洗伤处

（1）如误食强酸、强碱或腐蚀性化学制剂，强烈的腐蚀性会导致消化道黏膜如口腔、食管、胃黏膜严重水肿、坏死，应立即喝鸡蛋清或者冰牛奶，拨打 120 立即送医院。

（2）如强酸、强碱或腐蚀性化学制剂溅到皮肤上，立即用干净毛巾或布片蘸干腐蚀液后以大量冷水冲洗至少30分钟，然后送医院。尤其应注意眼睛和脸部、耳鼻口等的冲洗，避免严重角膜损伤致盲或其他后果。

（3）磷自燃烧伤。在化工厂里，白磷因为燃点低用来制备高浓度磷酸，军工厂中也用来制造燃烧弹。日常生活中接触磷粉的机会很少。白磷有剧毒，且如果皮肤上沾上白磷粉，与空气中的氧气接触后会引起自燃，导致皮肤烧伤。自燃时应迅速将伤处浸到水中，隔绝氧气，阻止继续燃烧。同时可以将伤处泡在冰水里，待疼痛减轻后立即就医。

 错误应对方法

（1）大量饮水或催吐，易造成食管二次损伤。

（2）受伤后第一时间使用中和剂，因中和剂浓度选择不当或中和反应产热而加重损伤。

（3）就医前在创面涂擦麻油、牙膏、红药水（紫药水）等物质，会影响医生对伤情的判断。

不能涂抹麻油、牙膏、红药水（紫药水）

（4）用不干净的布类覆盖伤处，增加感染概率。

预防·小·贴士

（1）对于已打开的饮料，不能确定是否可饮用前不能随意喝。

（2）对于标识不清楚的瓶装水不能随意喝。

（3）对于标有明确警示标志的液体禁止入口。

（4）养成喝水、进食前用嘴唇或舌头小口舔尝的习惯，可避免烫伤或误食。

（5）皮肤沾上磷粉后应及时清洗，避免发生烧伤。

（6）做实验或使用腐蚀性化学制剂时应做好保护措施，比如穿着白大褂，戴口罩和手套，甚至佩戴面罩等，尤其保护好眼睛、脸部器官等，避免损伤事故发生。

受伤的"白骨精"
◆ 骨伤 ◆

　　足球场上，同学们正激烈地进行足球比赛。突然，小强一脚凶狠的倒地铲球铲到了小丁的小腿上。小丁倒地抱腿不起，剧烈的疼痛蔓延开来。小丁的右小腿严重变形，还露出一段白森森的骨头，周围的同学吓坏了……

 知识点

1. 骨折的表现

　　受伤部位畸形、疼痛、肿胀、活动障碍。

2. 骨折的分类

　　骨折一般分为闭合性骨折和开放性骨折。骨折处皮肤没有破，这类骨折称为闭合性骨折（单纯性骨折、粉碎性骨折均属于闭合性骨折）。小丁的骨折断端刺破了皮肤，属于骨折的另一类，称为开放性骨折。开放性骨折造成的损伤更复杂，可伴有肌肉、肌腱、血管、神经、脏器等损伤，也可引起并发感染。无论是开放性骨折还是闭合性骨折，都应按照骨折的方式进行处理。

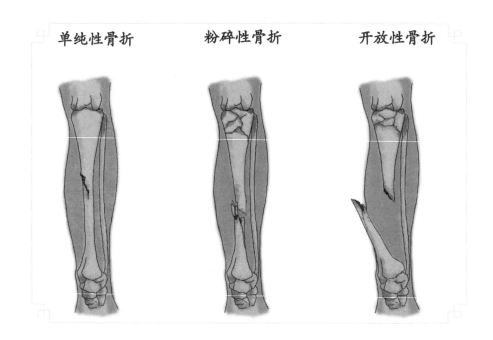

单纯性骨折　　　　粉碎性骨折　　　　开放性骨折

👍 正确处理措施

1. 评估伤者

如有昏迷，应先放置平躺位，头偏向一侧，清除口腔异物，保持呼吸道通畅；如意识清醒，则进行止血、包扎及固定等处理。

2. 止血、包扎

用干净的毛巾或布块压迫伤口止血。如有大血管破裂，加压包扎难以止血时，可采用止血带止血。若骨折端已戳出创口，并已污染，但未压迫血管神经时，则应保持原样，立即固定后送医院。（止血部位及方法可见《跑偏的血流——割擦伤》。）

3. 固定骨折部位

不能随意搬动骨折部位，避免加重损伤；对于肿胀严重的，可以剪开衣物，减轻压迫。固定时应使用专用的夹板，如果没有，可就地选择木板、木棍、树枝甚至是家用的木制衣架、衣叉棍等代替。固定时皮肤上需要用毛巾或棉垫进行垫衬。上肢可用绷带或布条固定于胸部；下肢则与另一条健康的腿捆绑在一起。

4. 转运

在止血包扎、妥善固定后，要尽早转送医院治疗。在转送的过程中，闭合性骨折可局部进行冰敷。有完全脱离的骨片或组织应该用干净塑料袋干燥保存，塑料袋外可放冰块双层包裹，一起带到医院。

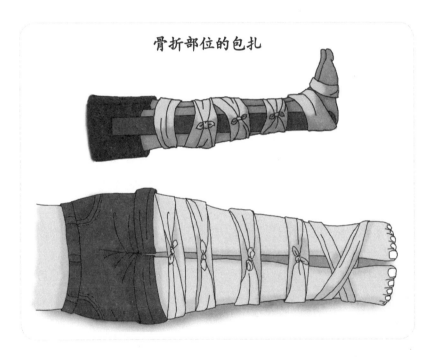

骨折部位的包扎

✋ 错误应对方法

（1）只有疼痛感，就认为没有骨折，受伤后继续走动、跳跃。

（2）随意将骨折部位进行拉拽或企图将外露的断骨推回伤口内，会加重损伤和增加感染概率。

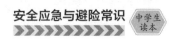
（3）用水、冰块、酒精浸泡离断的身体组织。

骨折的处理

（1）加强锻炼，增强肌肉、骨骼力量。

（2）采用正确、科学的运动方式。

（3）早期及时、正确的处理对骨折的愈合和后期功能的恢复具有十分重要的意义，所以要学会正确的骨折急救处理方法。

（4）有扭伤、外伤的情况也应及时到医院就诊。闭合性、未错位的骨折虽没有导致畸形和显著活动受限，可能只有瘀斑、疼痛症状，但仍需用石膏或夹板固定。

 外延资料

1. 徒手搬运法

（1）扶持法：适用于清醒、没有骨折，伤势不重，能自己行走的伤病者。

（2）抱持法：适用于年幼伤病者。体轻者没有骨折，伤势不重时，抱持法是短距离搬运的最佳方法。

（3）背负法：适用于老幼、体轻、清醒的伤病者。

（4）座椅式：适用于清醒伤病者。

（5）拖车式：适用于意识不清的伤病者。

（6）平抱式：适用于脊柱骨折的患者。

扶持法　　　　　　抱持法

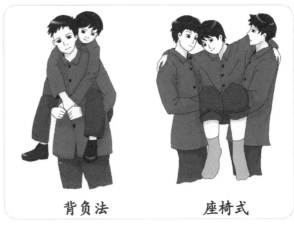

背负法　　　　　　座椅式

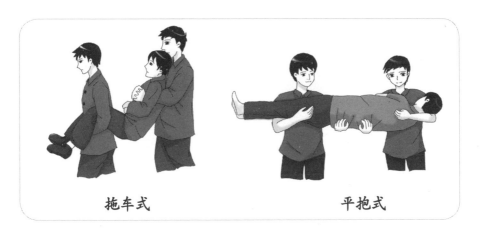

拖车式　　　　　　平抱式

2. 担架搬运法

（1）推滚式搬运法。

一人双手掌抱于伤者头部两侧，轴向牵引颈部；另二人在伤者的同侧（一般为右侧），双手掌平伸至对侧肩、髋和膝部，将伤者轴位整体侧翻于侧卧位，保持脊柱在同一轴；拉动脊柱板使其摆放在伤者背部合适的位置，将伤者轴位放置回仰卧位。

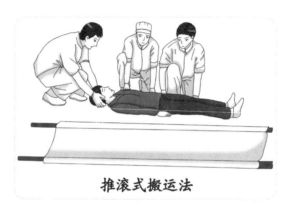

推滚式搬运法

（2）平托式搬运法。

三人均单膝跪地，分别用手托住伤员的肩、背、腰、大腿，同时用力，保持脊柱为一轴线，平稳将伤病人抬起，放于脊柱板上。

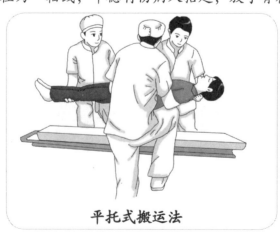

平托式搬运法

七　红色的"鼻涕"　鼻出血

小明有经常揉鼻子和挖鼻孔的习惯，有一天他突然出现了鼻腔出血症状，妈妈为他采用了鼻腔填塞、压迫止血等办法都无法止血，后来出血量增大，以致他出现大汗淋漓、面色苍白等休克症状而被送到医院急救！

鼻出血

 知识点

鼻出血又称鼻衄，指血液经鼻流出。

鼻出血的原因很多，大致可分为以下三类：

（1）局部原因，如鼻部创伤或疾病等。

（2）全身原因，如出血性疾病及血液病、循环系统疾病、急性发热性传染病、妊娠和内分泌紊乱、药物不良反应、毒性物质刺激、气压改变、营养不良、维生素缺乏，也会引起鼻出血。

（3）特发性鼻出血，即在疾病的全过程中找不到明确病因的鼻出血。

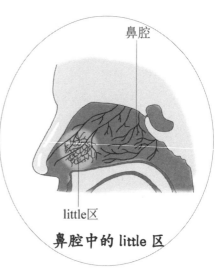

鼻腔

little区

鼻腔中的 little 区

局部疾患引起的鼻出血多发生于一侧鼻腔；全身疾病引起的鼻出血可为双侧鼻腔同时出血或交替出血。

少年儿童、青年人鼻出血多发生于鼻中隔前下部的 litte 区，有时可见喷射性或搏动性小动脉出血。

👍 **正确处理措施**

（1）首先要镇静，停止活动。

（2）头向前倾，微低，用嘴巴呼吸，用手压迫出血侧鼻翼，持续 10～15 分钟。

（3）冷敷鼻根和后颈。

（4）如上述方法无效，应立即到医院治疗。

 **错误应对方法**

（1）仰头或采取仰卧位。

（2）用纸、棉花或其他不卫生物品填塞鼻孔。

（3）用力擤鼻涕、挖鼻孔、揉鼻子。

快把手放下！

 预防小·贴士

鼻出血的处理

（1）平时要养成良好的卫生习惯，应纠正挖鼻、揉鼻、放置异物到鼻孔内等易导致鼻黏膜损伤的不良习惯。

（2）饮食上做到不挑食、不偏食，多吃瓜果蔬菜，可以避免因缺乏维生素而导致的鼻出血。

（3）清淡饮食，忌辛辣刺激食物，保持大便通畅。

（4）秋冬季如室内太干燥，可用加湿器改善。

八 跑偏的血流 ← 割擦伤 →

懂事的明明，准备为爸爸妈妈做一顿饭，在切菜时不小心被锋利的菜刀切破了手，伤口处不停地往外冒血……

知识点

平日生活里常常会遇到割伤、擦刮伤等导致出血的情况，这些都是外伤导致的出血。

外伤出血，一般分为 3 种：

（1）动脉出血：血色鲜红，速度快，有一下一下的脉搏般的节奏。

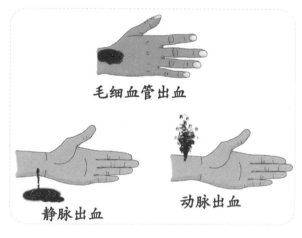

毛细血管出血

静脉出血

动脉出血

（2）静脉出血：血色暗红，速度有些慢，呈持续涌出状。

（3）毛细血管出血：血色鲜红，血液从整个伤面渗出，出血缓慢，出血量少，危险性较小，如擦破伤，一般会由于血液凝固而自然地止血。

👍 正确处理措施

1. 一般损伤（伤口只在皮肤表层、边缘对合整齐）的紧急处理

（1）先用水冲洗掉伤口上的污物。

（2）用无菌棉签蘸取过氧化氢溶液（双氧水）进行伤口消毒，然后用碘伏消毒液反复擦洗伤口至少2次。

（3）盖上消毒纱布，用胶布固定。

（4）到医院注射破伤风抗毒素或破伤风免疫球蛋白。

2. 严重损伤（伤口深达皮下组织层，需要缝合）的紧急处理

（1）立即止血，抬高受伤位置，其位置最好高于心脏平面，及时到医院就诊。常用的止血方法有压迫止血法、止血点指压法及止血带止血法。

①压迫止血法　先用干净的纱布、手帕或毛巾按住伤口，再用力把伤口包扎起来，暂时使出血速度缓下来。

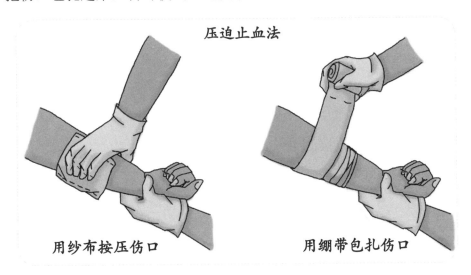

压迫止血法

用纱布按压伤口　　　　　用绷带包扎伤口

②止血点指压法 所谓止血点，就是出血伤口靠近心脏的动脉点。找到止血点用力按住，使血不能顺畅地流向伤口，减少出血量。

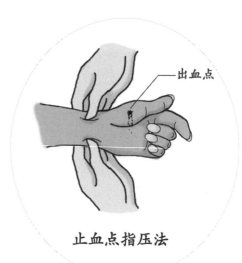

出血点

止血点指压法

③止血带止血法 血流不止时，用布条、三角巾或橡皮带绑在止血点上，绑扎时需用毛巾做衬垫，绑扎松紧度以停止出血，手指、脚趾不乌紫、不麻木为宜；每隔半小时松开1次，每次放松1～2分钟。最好在40分钟以内送医院急救。

（2）当伤口有异物嵌入时，比如木刺、玻璃、尖刀等，应该保持受伤时原样，固定好异物的位置，用干净的毛巾或布块盖好伤口。

止血带止血法

（3）如肠子脱出体外，应用碗或小盆盖住露在外面的肠子，再用绷带或者布条固定碗或小盆的位置。

28

3. 皮肤擦伤

（1）创伤面浅、面积较小的擦伤用生理盐水、碘伏消毒液反复清洗干净，一般无须包扎，直接暴露在空气中待创伤面结痂即可。关节附近（如膝关节下）的擦伤一般不采用暴露

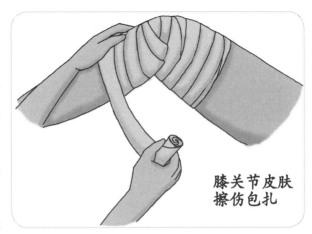

膝关节皮肤擦伤包扎

疗法，因为关节活动会导致创面痂壳开裂，反复出血、流液，不易愈合。因此，关节附近的擦伤经消毒处理后，应采用消炎软膏或抗菌软膏涂抹，并用无菌敷料覆盖包扎。

（2）创伤面若有煤渣、细沙、泥土等异物，应先用生理盐水冲洗干净，必要时可用已消毒的硬毛刷将异物刷净，再用过氧化氢溶液（双氧水）、碘伏消毒，然后用凡士林纱条覆盖伤口并包扎。若创口较深、污染较重时，应及时到医院就诊。

✋ 错误应对方法

（1）在伤口上洒药粉，会影响医生对伤口的诊断，增加清创难度。

（2）自行拔除伤口异物，如木刺、玻璃、尖刀等，将导致严重出血或二次损伤。

（3）自行将伤口漏出的肠子塞回腹腔，可能引发或加重感染。

（4）反复用过氧化氢溶液（双氧水）清洗表面擦伤，易形成慢性溃疡。

外伤出血的处理

（1）奔跑、打闹或走路时手上不能握尖锐的物品，避免跌倒误伤。

（2）妥善保管锋利的工具，不能随意放置在桌边、杂物中，避免不小心掉落造成不必要的损伤。

（3）规范使用刀具，如尽量在菜板或木桌上切割东西，不能放在手里切割，以防误伤。

（4）使用刀具或切割机器时要专心、谨慎，不得与旁人聊天。

九 脱位牙的旅行
◆ 牙外伤 ◆

美国职业篮球运动员，司职得分后卫埃里克·戈登在突破马特·巴恩斯防守时，牙齿与地板来了一次亲密接触，结果一大块牙磕飞出来。事实上，这已经不是戈登首次在比赛中上演"牙遭殃"事件了，早在大学时期，他就曾经在比赛中磕掉过门牙，而如今这样的事情又一次上演。

（图片来自搜狐体育网）

💡 知识点

牙外伤指牙齿受到各种机械外力作用所引发的牙周组织、牙髓组织和牙体硬组织的急剧损伤。因为儿童及青少年正处于生理和心理成长发育的阶段，较成人更易发生牙外伤，尤其是前牙外伤。

牙外伤多为急性损伤，常伴有牙龈撕裂和牙槽突折断。牙外伤还可并发其他部位如唇、舌、颅脑等损伤，其涉及的面较广，因此严重的牙外伤需要及时就医处理，以免危及生命。

根据牙齿主要损伤的部位，将牙外伤分为牙震荡、牙折和牙脱位3种类型。

1. 牙震荡

牙震荡是牙周膜的轻度损伤，又称为牙挫伤，牙齿犹如受到一场微小的地震，外观上并无改变，也无松动、移位现象。但牙周组织出现充血甚至淤血，牙齿可有轻微酸痛感，对酸、冷刺激很敏感。

2. 牙折

牙折分为不全冠折、冠折、根折和冠根折。具有典型的牙齿敏感症状，即牙折部位受到冷、热、酸、甜刺激时，会有酸痛感。根折和冠根折患者的牙齿疼痛感十分明显，不仅冷、热、酸、甜刺激会产生疼痛，而且触碰到暴露的牙髓也会引起剧烈疼痛。

3. 牙脱位

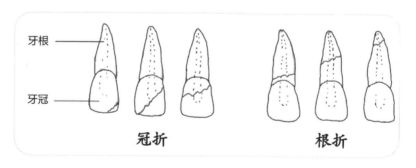

冠折　　　　　　根折

牙脱位表现为整颗牙齿从牙槽窝中脱落分离，同时，伴随牙龈撕裂和牙周膜的损伤，是儿童及青少年在游戏或运动过程中跌倒后最容易发生的牙外伤。由于外力的大小和方向不同，牙脱位的表现和程度不一，轻者偏离移位，称为不全脱位；重者可完全脱落，称为全脱位。根据外力的方向，可有牙脱出、向根尖方向嵌入或唇（舌）方向移位等情况。牙部分脱位常有疼痛、松动和移位等表现，同时因患牙伸长而出现咬合障碍。

不全脱位

唇向脱位

嵌入性脱位

完全脱位

牙脱位的分类

👍 正确处理措施

1. 牙外伤的一般处理

第一时间使用大量干净的流动水冲洗伤口，因为牙外伤通常会伴有周围软组织的损伤；用棉花或棉卷按压伤处 5 分钟达到止血的目的。立即前去口腔专科寻求紧急处理。

2. 脱位牙的处理

脱出的恒牙如果进行适当的紧急处理，将有可能存活。外伤后马上寻找牙齿，然后捏住牙冠部分。如果牙齿已污染，将其用冷的流动水冲洗 10 秒，自己将牙齿放回原来的位置。如果不能立即放回原位，应放在牛奶中，或含在嘴里，立即前往口腔专科寻求急诊处理，尽快做再植术,最好在脱位后2小时内再植,可防止日后牙根外吸收的发生。30分钟之内再植成功率较高。

错误应对方法

（1）随意丢弃外伤脱落的牙齿。

（2）拾起牙齿的时候，用手捏牙根，损伤了牙齿周围的组织。

（3）过度清洁或保护脱落牙齿：用肥皂或牙刷清洗牙齿，在太阳下晾干牙齿，用纸巾或布包裹牙齿。

因牙外伤常常发生在运动过程中,因此,在各种常见的运动中,应做好运动防护措施,如参与足球、篮球、橄榄球、棒球、拳击、自行车、摩托车、骑马等运动时，使用防护牙托、面罩或头盔均可有效预防牙外伤的发生。

恼人的"眼中钉"
◀ 眼异物伤 ▶

河南新闻网报道：一名建筑工人李先生在某工地干活时，一枚铁屑不小心溅到了左边眼睛里，他揉揉眼睛后继续干活。三天后，他竟失明了。直到去往医院进行手术后，他的左眼才恢复了视力。

知识点

眼异物伤比较常见，大多数为铁质磁性金属，也有非磁性金属异物如铜和铅。非金属异物包括玻璃、碎石及植物性（如木刺和竹签）和动物性（如毛、刺）异物等。

眼异物伤分为眼球外异物伤和眼球内异物伤两大类。

1. 眼球外异物伤

眼球外异物伤包括眼睑异物伤、结膜异物伤、角膜异物伤、眼眶异物伤。

（1）眼睑异物伤：多见于爆炸伤，表现为眼睑布满细小的尘土、沙石或火药渣。

（2）结膜异物伤：常见的有灰尘、煤屑等，表现为异物摩擦角膜时引起刺激症状。

（3）角膜异物伤：以铁屑、煤屑多见，典型症状是角膜刺激症状，即刺痛、流泪、异物感、眼睑痉挛。铁质异物可形成锈斑，植物性异物容易引起感染。

（4）眼眶异物伤：常见的眼眶异物有金属弹片、气枪弹或木、竹碎片。表现为局部肿胀、疼痛。若合并化脓性感染时，可引起眶蜂窝组织炎或瘘道。

2. 眼球内异物伤

眼球内异物伤是严重危害视力的一类眼外伤。其危害性取决于异物的化学成分、部位和有无感染。

👍 正确处理措施

（1）眼睑异物：对较大的异物可用镊子夹出。

（2）结膜异物：不可揉眼，请身边的人用拇指和食指轻轻捏住上眼皮、向前提起，向眼内轻吹，刺激流泪，将异物冲出，或用洁净

洁净水冲洗眼睛异物

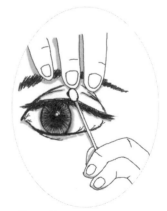

无菌湿棉签拭除眼睛异物

的水冲洗眼睛，将异物冲出，但眼睛出血时禁止冲洗；请他人翻开上下眼睑，用无菌湿棉签拭除异物，然后滴抗生素滴眼液预防感染。

（3）角膜异物和眼眶异物：禁止揉眼，应立即到医院治疗。

（4）眼球内异物：不可按压、揉搓眼睛，不能用水冲洗，不能随意拔出、挑出、擦拭嵌在眼球上的异物，应立即到医院治疗。

✋ 错误应对方法

（1）用力按压、擦揉眼睛。

（2）眼异物伤出血时尤其是眼球伤出血时，用水冲洗。

（3）用针挑或其他不清洁物品擦拭、挑异物。

异物入眼的处理

（1）认真学习眼外伤的原因和危害，增强自我保护意识。

（2）远离危险，不买劣质、攻击性玩具，不玩一次性注射器，禁放烟花爆竹。

（3）一旦发生眼外伤，应及时就医。若遇开放性伤口，避免挤压和涂擦眼膏，应用硬纸盒简单保护眼睛后尽快送医院处理。

误入歧途的小昆虫
◆异物入耳◆

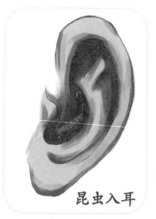

昆虫入耳

　　家住泰安郊区的李老伯凌晨被耳内剧痛惊醒，意识到耳朵里有异物，却怎么也掏不到。几番折腾后，疼痛加剧，家人赶紧将他送到医院治疗。接诊的耳鼻喉科医生立刻用内视镜仔细检查，发现耳朵里面竟然有一只活蝎子！

💡 知识点

　　异物入耳又叫外耳道异物，是指外来异物误入外耳道。外来异物包括了一切可进入外耳道的动植物及非生物类异物。多见于儿童，因其年幼无知将植物种子、钢珠、小玻璃球等异物塞入耳内。成人多为挖耳时将纸条、棉花球、火柴棍等不慎留在外耳道内，或外伤遗留物体于耳内，或飞蛾、蟑螂、水蛭等误入耳内，或工作中发生意外事故，异物飞溅入耳内。

👍 正确处理措施

（1）动物类异物，可用手电筒照射耳道，小虫子喜欢光亮，就会顺着光线爬出来。也可先用植物油、酒、姜汁等滴入外耳道内，使虫体失去活动能力，然后用镊子取出。

（2）非昆虫类的其他小异物，可将头歪向异物侧，单脚跳，让异物自行流出；或可用凡士林或胶黏物质涂于棉签头上，将异物粘出。细小能移动的异物，亦可用冲洗法将其冲出。遇水膨胀、易起化学反应、锐利的异物，以及有鼓膜穿孔者，不能贸然用水冲洗。

（3）不能取出的异物，或者取出后耳朵出现流血、疼痛，应及时到医院治疗。

✋ 错误应对方法

（1）在看不清耳内异物的情况下，用手、棉签、棍子等盲目掏异物。

（2）在不确定耳内异物性质的情况下，盲目用水灌洗耳道。

异物入耳的处理

（1）戒除挖耳习惯，以免断棉签、火柴棒等物遗留耳内。

（2）不能将各种小物品（如小玻璃球、钢珠、石子、纸）或植物的种子（如黄豆粒、玉米粒、花生粒等）塞入外耳道。

（3）要注意灭虫、防虫，避免飞蛾、蟑螂、水蛭等昆虫误入人耳内。

十二 堵塞的呼吸道 ◆鼻腔异物◆

浩浩因好奇将一个开心果壳塞入了鼻子，本来只是出于好玩，可是放进去后越推越深，拿不出来了。妈妈赶紧将他送到医院耳鼻喉科就诊。医生用专业工具从浩浩右边鼻腔取出了这枚开心果壳。

知识点

鼻腔异物是指外物误入鼻内，主要有三类：

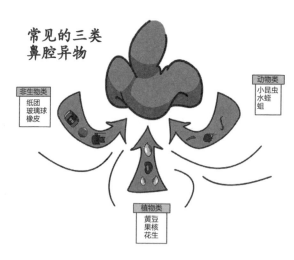

常见的三类
鼻腔异物

非生物类
纸团
玻璃球
橡皮

动物类
小昆虫
水蛭
蛆

植物类
黄豆
果核
花生

1. 植物类

如黄豆、花生、玉米、瓜子、果核等异物滞留鼻腔，可致鼻塞流涕，若滞留时间较长，异物遇水膨胀，则症状加重。

2. 动物类

蚂蚁、水蛭、蛆等进入鼻腔，有虫爬感，可致疼痛、出血。

3．非生物类

纸团、橡皮、玻璃球、粉笔、纽扣、泡沫、沙石、弹头、弹片等滞留鼻内，阻塞鼻腔，可致鼻塞流涕，甚至感染、溃烂。

总的来说，一般单侧流涕，鼻涕中带血，且呼出的气有臭味，应首先想到鼻腔有异物。

👍 正确处理措施

（1）判断异物位置。抬头并用手指将鼻尖向上推起，用手电筒照射鼻腔，对着镜子查看异物在哪边鼻腔，或请人查看。

（2）细小异物：可通过手指压紧没有异物的一侧鼻腔，低头，用力擤鼻，将异物喷出。或闻胡椒粉等有刺激性气味的物质，会打喷嚏，异物可能被喷出。

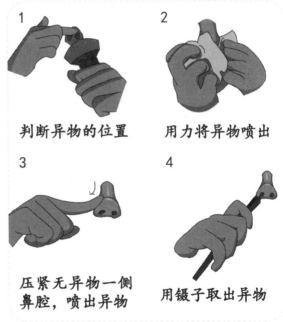

1 判断异物的位置

2 用力将异物喷出

3 压紧无异物一侧鼻腔，喷出异物

4 用镊子取出异物

（3）圆形异物：如珠子、豆子等，可用手指压迫有异物的一侧鼻翼，自上而下将异物挤出鼻腔。

（4）质软或条状异物：如纸团、纱条等，可直接用镊子夹取拉出。

（5）如不能去除异物，请立即到医院耳鼻喉科治疗。

错误应对方法

（1）鼻孔用力吸气，企图将异物往后吸。

（2）用手指、筷子、夹子等工具盲目地掏鼻腔内异物。

（3）用镊子夹取圆形异物如珠子、豆子等。

 预防·小·贴士

异物入鼻的处理

注意生活细节，不可因好奇心往鼻腔填塞异物。早发现早诊断是防治的关键。

致命的气道异物
气道阻塞

电影《人在囧途》中，王宝强采取了一种神奇的方法，成功地让一位老太太吐出了卡在喉咙里的枣核，挽救了老人的性命。究竟是什么方法可以如此简单迅速地解救患者？那就是应对气道异物梗阻的海姆立克急救法（Heimlich Maneuver）。这是一种简单有效的急救手段，在全世界广泛应用，拯救了无数生命，因此该法被人们称为"生命的拥抱"。

海姆立克急救法

知识点

气道阻塞常发生在婴幼儿及老年人中，指因吞咽大块食物或其他异物不慎进入气道，导致剧烈呛咳、呼吸困难甚至窒息的一种急症。

主要症状：如果异物较小，气道不完全梗阻时，可引起呛咳不止、呼

气道阻塞患者
的"V"字特殊表现

吸困难；如果异物大，气道完全梗阻时，患者不能说话、不能呼吸、不能咳嗽，常用拇指和食指抓压颈部，呈现典型的"V"形手势，随即可出现心脏骤停。

👍 正确处理措施

自救腹部冲击法

（1）首先应弯腰低头，用力咳嗽，尝试将气道中的异物咳出。

（2）若异物无法咳出，可以分为患者自救与他救两种情况。

①自救：将上腹部压向坚硬、突出的物体（如桌边、椅背或栏杆处），或将双手握拳，连续向内、向上冲击腹部（肚脐以上两横指）直至异物排出。

②他救：施救者站在患者背后，将一条腿放在患者两腿之间，双臂从腋下抱住患者腰部，站稳，使患者头略前倾；然后施救者一手握拳，拳面贴紧患者腹部，拳眼对准患者腹部（肚脐以上两横指）正中线，另一手紧握拳头，用力快速往

他救腹部冲击法

后上方冲击患者腹部，直到异物排出或患者可以呼吸、咳嗽。

错误应对方法

（1）手法不当，可能会导致患者骨折，出现气胸、出血等。

（2）盲目地用手指清除口腔异物。

（3）鱼刺卡喉也用海姆立克急救法。

气道阻塞的处理

（1）避免进食时跑跳、谈话或者大笑。

（2）吃东西时细分成小条，避免吞食过量或者体积过大的食物。

难忍的"肉中刺"

鱼刺卡喉

付小姐带孩子外出游玩吃鱼时，孩子不慎被鱼刺卡住，尝试了多种方法都未能将鱼刺取出，随后陷入昏迷状态。付小姐在民警帮助下火速将孩子送往医院，最终拔出鱼刺，孩子脱离危险。

 知识点

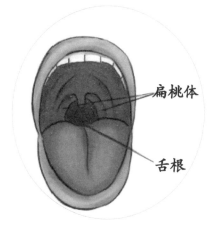

扁桃体

舌根

虽然我们常说鱼刺卡喉咙，其实鱼刺卡的部位，最常见的还是口咽部，包括扁桃体、扁桃体周围和舌根浅部，这些位置是比较表浅的，卡住的鱼刺比较好处理。但是，如果鱼刺卡在扁桃体以下的地方，就要即刻到医院处理。

👍 正确处理措施

（1）立即停止进食，减少吞咽动作。

（2）低头弯腰，做猛咳动作，如果是细小的鱼刺或鱼刺位置不深，鱼刺会跟着咳嗽的气流脱落并喷出。

1. 对着灯光，张大嘴，用小勺将舌背压低，仔细检查扁桃体附近部位。

2. 如能看见鱼刺，可用镊子夹出。

3. 如不能看见，则最好立即到医院。

（3）如果无效，可以张大嘴，用勺子、牙刷柄或筷子压住舌头的前部，请人用手电筒照亮咽部寻找鱼刺，找到后用筷子或夹子取出；如果被卡者在张嘴时恶心、呕吐，难以配合，可让其张嘴发"啊"的声音，以减轻不适。

（4）如果仍然不能解决，说明鱼刺位置可能较深，请及时到医院就诊，让耳鼻喉科医生使用专业器具取出。

✋ 错误应对方法

（1）大口吞饭，认为饭可以把鱼刺送进肚子。

（2）大口喝水，认为水也可以把鱼刺送进肚子。

（3）大口喝醋，认为鱼刺遇醋会软化。

（4）吃维生素 C，认为吃几粒维生素 C 片可以软化鱼刺。

（5）用手抠喉咙，认为鱼刺卡住需要用手抠出来。

鱼刺卡喉的处理

（1）入口前，先将鱼刺剔除，或吃没刺或刺少的鱼。

（2）吃鱼时一定要慢慢吃，不可狼吞虎咽。

（3）吃鱼时不要说笑。

可怕的蛇吻
◆ 蛇咬伤 ◆

中华网报道，沈阳市于洪区北陵中学的 14 岁学生王婧在暑假期间到大连旅游，在庄河市一家森林公园游玩时，不小心踩到一条长约 50 厘米的蛇，被蛇咬伤了脚部，很快伤口出血红肿，王婧开始神志不清。景区工作人员与家人紧急将王婧送往医院，经过医务人员全力抢救后，王婧脱离了生命危险。

知识点

蛇咬伤分为无毒蛇和毒蛇咬伤两大类。毒蛇咬伤后毒腺中的毒液通过排毒导管输送到毒牙再注入咬伤的伤口内。然后毒液主要经淋巴和血液循环扩散，引起人体局部和全身中毒症状。蛇毒主要含蛋白质、多肽类和多种酶类，按照蛇毒成分和中毒后的临床症状将蛇毒分为血液循环毒、神经毒和混合毒三种。

1. 血液循环毒素中毒

血液循环毒素中毒后主要表现为咬伤部位红肿、出血、水泡、剧烈疼痛、皮下瘀斑或组织坏死，可引起淋巴管炎或淋巴结炎，伤口不易愈合。伤后 2～3 小时可能出现发热、寒战、心慌、恶心等症状，重者还会出现全身皮肤黏膜出血、鼻出血、呕血、便血等症状，部分伤者甚至出现心、肾、肺等全身多器官功能衰竭。

2. 神经毒素中毒

神经毒素中毒者，伤口局部症状较轻，周围轻度红肿、麻木，出血量少。伤后 1 ～ 3 小时可出现全身症状并迅猛发展，如视物模糊、眼睑下垂、声音嘶哑、言语和吞咽困难、恶心、呕吐，严重者可出现肢体瘫痪、休克、呼吸麻痹甚至呼吸停止。伤者病情较重，但持续时间较短，只要度过 48 小时危险期，一般均能康复。

3. 混合毒素中毒

混合毒素中毒者可出现上述两种症状表现。

👍 正确处理措施

1. 毒蛇咬伤的判定

被蛇咬伤后切忌惊慌，可根据伤口情况或自己看到的蛇外形初步判断是否是毒蛇咬伤。最常用的是通过牙痕判断。无毒蛇牙痕多为一排或两排，毒蛇牙痕多呈两点（1 对）或数点（2 ～ 3 对）。

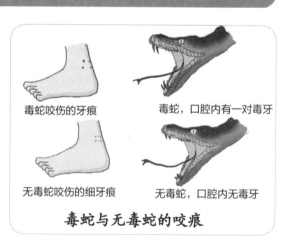

毒蛇咬伤的牙痕　　毒蛇，口腔内有一对毒牙

无毒蛇咬伤的细牙痕　　无毒蛇，口腔内无毒牙

毒蛇与无毒蛇的咬痕

2. 应急处理

（1）立即停止奔跑或运动，放低受伤部位，以免蛇毒扩散加速。

（2）立即用布带在伤口上方，向心脏方向约 10 厘米处捆扎，记

录捆扎时间；捆扎的布条每隔15分钟放松一次，每次放松1～2分钟，再重新捆扎。（捆扎示意图如下）

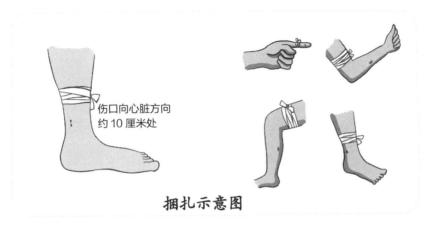

捆扎示意图

（3）拔除残留于伤口上的毒蛇牙，再用消过毒的刀片将伤口切成"十"字形或"++"形或用三棱针刺破皮肤，然后用大量清水或盐水或肥皂水或过氧化氢溶液（双氧水）或1∶5000高锰酸钾溶液冲洗伤口，最后采用双手挤压或拔火罐的方式吸出毒液。

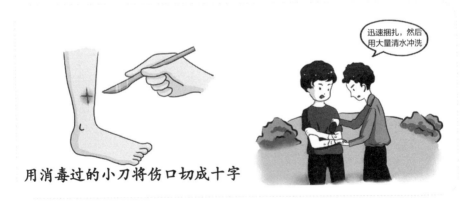

用消毒过的小刀将伤口切成十字

（4）及时拨打120急救电话或大声呼救，尽早送医院处理。

（5）如有备用蛇药片，可立即按说明口服加外敷。

（6）如果不能判定蛇的种类，可照相取证鉴定种类。

错误应对方法

（1）用嘴直接吸血。

（2）抬高伤口部位。

（3）伤后奔跑呼救。

预防小贴士

（1）夏天走路时应尽量远离草丛。

（2）家里常备蛇药片，对蛇咬伤、毒虫咬伤都有作用。

（3）在草丛或树林中行走时要穿长裤、皮靴，戴帽子，可准备登山杖或利用树枝来探路。

（4）在户外活动时，可在营地周围撒上雄黄；也可在脚踝处擦雄黄酒、风油精；或将雄黄粉和大蒜搅拌在一起，挂在腰间或鞋带上，蛇闻到这些气味就不敢靠近。

（5）在户外活动时，还需注意卫生，所有垃圾应及时掩埋，避免引来蛇鼠虫蚁。

（6）遇到蛇时不要惊慌，不要逗玩，尽量绕开行走或往高处逃跑。

十六 "飞" 来的横祸
◆ 毒虫蜇伤 ◆

《重庆晚报》报道，重庆市初二学生李某某和两位同学在上学路上遭遇马蜂袭击，李某某忍痛爬行 1 千米向村民求救，随即三人被紧急送往重庆市某中心医院救治。据院方介绍，李某某被马蜂蜇伤后，因爬行呼救加速血液循环，马蜂毒液侵入心脏、肝脏、肾脏等重要脏器，大大增加了救治难度。

💡 知识点

夏季是蛇鼠虫蚁活动旺季，常见的除了"蜂蜇伤"之外，还有"蝎子蜇伤""蜈蚣蜇伤""蜘蛛蜇伤""毒蚁蜇伤"等。各种毒虫通过它们的毒刺及毒毛刺蜇或口器刺吮，注入毒性体液而使人发病，轻则局部红肿、疼痛、皮肤溃烂，重者可致高热、抽搐、喉头肿胀、呼吸困难，甚至休克、昏迷等严重的全身性变态反应。

隐翅虫

另有一种常见虫蜇性皮炎就是隐翅虫皮炎。隐翅虫的体液呈强酸性，pH值为1～2。隐翅虫爬过人体的皮肤或被拍打、捏碎时，与它体内液体接触的部位就会出现红点、片状红斑，红斑上出现脓包时会有痛痒的感觉。皮疹面积大时甚至可能出现发热、头疼、恶心、淋巴结肿大等全身症状。

👍 正确处理措施

毒蝎蜇伤的处理方法可参照《可怕的蛇吻——蛇咬伤》的处理方法。其他毒虫蜇伤处理如下：

（1）立刻拔除伤口处残留的螯刺，用大量肥皂水反复清洗伤口。

（2）将蛇药片碾碎成末，用纯净水或75%医用酒精调和成糊状后敷在伤处，涂擦范围比红肿范围略大。另外可同时口服蛇药片。

（3）可用肥皂水冲洗隐翅虫皮炎的伤口，而后涂擦糖皮质激素软膏，如皮炎平、地奈德乳膏等。

（4）如果出现感染，应进行抗感染治疗。

（5）拨打120急救电话或去医院进行治疗。

错误应对方法

（1）伤口痛痒时，不停用手挠抓伤口。

（2）未查清毒虫种类就胡乱涂药。

预防小贴士

（1）夏天应尽量远离草丛。

（2）家里可常备蛇药片，对蛇咬伤、毒虫蜇伤都有效。

（3）在草丛中行走时要穿长裤、皮靴，戴帽子。

（4）讲卫生，家里要保持干净、清洁。

十七　萌宠的隐患
狗猫鼠咬伤

救命啊！

上海热线新闻报道，上海闵行区江川路一位 38 岁姚姓男子被流浪宠物犬咬伤后，约 2 个月一直没有注射狂犬疫苗，导致狂犬病发作，于 7 月 18 日凌晨 2 点身亡。目前，狂犬病还没有有效的治疗措施，其一旦确诊，死亡率高达 90% 以上。

知识点

被狗、猫、鼠等动物咬伤后，均可能感染狂犬病毒而患狂犬病。夏季是被狗、猫咬伤的高发季节。狂犬病毒在体内的潜伏期为 3 天至数月不等，最长可达 10 年以上。有数据显示，狂犬病患者中，40% 是 15 岁以下的青少年。被狗咬伤后 3 个月内如果出现怕水、怕风、咽喉部肌肉抽搐、肢体软弱无力等现象，就要高度怀疑患上了狂犬病。

猫抓伤还可能得猫抓病。猫抓病是一种叫汉塞巴尔通体的小杆菌通过被猫咬伤或爪子抓破的皮肤进入人体，从而导致人体感染小杆菌所引起的病症。猫抓伤后1～2周可出现全身淋巴结肿大、疼痛的症状。

鼠咬伤还可能传播传染性出血热、鼠疫。被鼠咬伤的典型表现是三红，眼结膜红、脸红、脖子红；三痛，头痛、眼眶痛、腰痛。

👍 正确处理措施

1. 清洗伤口

被咬伤后要马上冲洗伤口。伤口冲洗方法：首先用肥皂水（或者其他弱碱性清洁剂）和自来水交替进行清洗，至少冲洗15分钟。然后用生理盐水（也可用自来水代替）将伤口洗净，最后用无菌脱脂棉吸收伤口处残留液，避免在伤口处残留肥皂水或者清洁剂。冲洗深的伤口时，需用注射器或者高压脉冲器械伸入伤口内部进行灌注清洗，以达到彻底清洗伤口的目的。

2. 挤压伤口

在冲洗伤口的过程中，用双手挤压伤口四周，将被感染的血液完全挤压出来，目的是尽量不让伤口残留病菌。

3. 消毒伤口

用2%～3%碘伏或者75%酒精涂擦清洗后的伤口。如伤口出血不止，则消毒完成后，需用止血带紧紧勒住伤口处止血，没有止血带可用衣服、毛巾等布料代替。

4. 注射狂犬疫苗

被咬伤后，及时到附近医院注射狂犬疫苗。伤口较深时还要注射破伤风抗毒素。如果伤口很深，伤处较多，要先注射抗狂犬病血清再注射狂犬疫苗。

5. 遵医嘱服药

严格遵循医嘱口服抗生素预防感染。

6. 特殊部位处理

眼部伤口处理，要用无菌生理盐水冲洗，一般不用任何消毒剂；口腔伤口处理最好在口腔专业医师协助下完成，冲洗时注意保持头低位，以免冲洗液流入咽喉而造成窒息；冲洗外生殖器或肛门黏膜伤口时方向应当向外，避免污染深部黏膜。

错误应对方法

（1）伤口小，无痛，只是破皮，就不去医院诊治。

（2）心存侥幸，不愿打狂犬疫苗。

（3）伤口未经处理就包扎，甚至缝合。

预防小贴士

宠物咬伤的处理

（1）不可逗玩进食的动物。

（2）不要一直盯着狗看，看到狗后，不能马上转身就跑。

（3）不要接近陌生的狗，不要对着狗大声吼叫。

（4）不要随意逗弄他人的宠物猫、狗或野猫、野狗。

（5）不要在床上或卧室摆放食物，尽量避免引来老鼠。

易碎的小心肝
闭合性损伤大出血

合肥女孩妞妞（化名）不小心摔了一跤，撞伤腹部，很快出现呕吐、胸闷、脸色煞白的症状。经医生检查，妞妞由于腹部遭受重击，肝部破裂，大量内出血，血压急剧下降，情况危急。幸运的是，经过及时治疗，妞妞治愈出院了。

知识点

闭合性损伤是外科病房里比较常见的疾病，多是摔倒、高处跌落、撞击硬物造成，极易导致肝脾破裂，尤其是儿童及青少年。

（1）常见闭合性损伤引起大出血的脏器：肝脏、脾脏、肾脏、胰腺等。它们都是实质

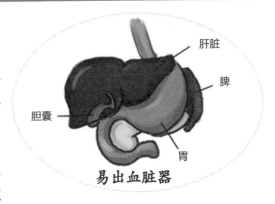

易出血脏器

性的器官，里面储藏了丰富的血液，如果受到身体外的重力撞击就可能会出现破裂。大动脉血管畸形，如腹主动脉瘤破裂也可引发大出血。

（2）常见大出血症状：剧烈腰痛、腹痛、晕倒、休克、面色煞白等，甚至呼吸、心搏骤停。

👍 正确处理措施

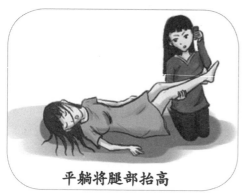

平躺将腿部抬高

（1）当腹部、腰部被撞击后，突然出现肚子痛、脸色苍白、晕倒的现象，要立即大声喊救命或拨打120急救电话求救。等待的时候可尽量平躺，将腿部抬高。

（2）当医务人员赶到时，要尽可能告诉医生受伤部位及事情经过。

✋ 错误应对方法

（1）随便吃止痛药。

（2）不等待专业医护人员就自行处理。

（3）在不清楚病因的情况下随意搬动病人。

🩺 预防·小贴士 ✚

（1）同学之间打闹尽量避免猛烈的撞击，如较重的拳击、抓挠、脚踢等，都容易造成严重损害，如用力踢右侧腋下就可能导致肝破裂。

（2）腰部和腹部受到硬物撞击后都建议到医院检查。因为我们的脏器有包膜，当出血量少的时候，可能除了疼痛没有其他症状。如果被忽略，受伤部位持续性出血，积少成多后，包膜破裂，就会出现突发性失血性休克，危及生命。

热情的"抗争"
发热

据《齐鲁晚报》报道，日前，山东省平度市一名 13 岁的中学生因为发热来到市人民医院治疗，经过治疗后患者身上出现大面积红斑，虽经全力抢救，但最终还是不治身亡。从患者入院到死亡，前后不到 12 个小时。

发热是生活中常见的一种现象，如果能及时处理并且方法得当，它并不可怕。

知识点

人体有调节体温的功能。在正常生理状态下，体温升高时，机体通过减少产热和增加散热来维持体温相对恒定；反之，当体温下降时，则增加产热和减少散热，使体温仍维持在正常水平。

当细菌、病毒等侵入人体后，人体的免疫系统会对抗病菌的入侵，启动一些防御机制，比如具有杀灭细菌、病毒作用的白细胞和淋巴细胞等。白细胞、淋巴细胞在杀灭细菌、病毒的过程中会释放发热激活物，它会刺激下丘脑的体温调节中枢，通过上调控制体温的水平，引起发热。

什么是发热？体温超过 37.4℃为发热，37.5～38℃为低热，38.1～39℃为中热，39.1～41℃为高热，41℃以上为超高热。

 **正确处理措施**

（1）出现发热时不必惊慌，首先要测量体温，如果体温没有超过38.5℃，无其他特殊不适，可以多饮水、多休息，通过物理方法降温。

（2）洗温水澡、温热毛巾湿敷也是很好的物理降温方法。冰袋和退热贴也有一定效果。退热过程中，会大量出汗，此时要用温热毛巾擦去胸、背、腋下及面额部的汗，并及时更换内衣，注意补充营养物质和水分。

（3）若体温超过 38.5℃，可以在家长的指导下口服退热药物，但是需要记住服用药物的名称和剂量，以便在就医时向医生叙述清楚。最常用的退热药物有 "泰诺林""百服宁""美林""芬必得"等。

（4）当发热超过 24 小时，通过物理降温或药物降温都无明显好转时，应该立即就医。

（5）应该适当减少食物摄入量，吃一些富有营养易消化的流食或半流食，如豆浆、稀饭、面条等，尽量多饮水，如温热的果汁、糖水、白开水等，有利于降温，促进细菌毒素的排泄。

（6）发热时，保持适宜的室内温度，衣服不要穿得过多，被子也不宜过厚，有利于皮肤散热。

（7）发热恢复有一定的过程，如果诊断明确，及时用药，也有可能 2～3 天后才能退热；如果有比较严重的细菌感染或者病毒感染，发热也可能持续 5～7 天。除了要按照医生的嘱咐治疗外，还需要多饮水、多休息。

✋ 错误应对方法

（1）发热后立即或多次去医院就诊。发热是启动机体防御机制的体现，恢复也需要一定的时间和过程。

（2）认为发热是免疫力低下的表现，乱用增强机体抵抗力的产品。

（3）发热时穿厚衣服盖厚被发汗，这种方法不利于退热。

（4）认为退热药有副作用不服用。

（5）使用抗生素退热。

（6）不经诊断，直接到医院打针输液。

发热的处理

（1）加强锻炼身体，多进行户外运动，增强机体免疫力。

（2）气候变化时应及时增减衣服，避免过冷或过热。

（3）流感期间，少去公共场所，减少感染机会。

（4）经常开窗让室内空气流通。

知识链接 |||||||||||||||||||||||||||||||||||||||||||||||||||||||||||||||||||

正确测量体温与脉搏

体温与脉搏测量是日常生活中健康检查的一种方法，其中体温测量主要用腋下检查法，脉搏测量法主要测量被测者的桡动脉。体温和脉搏测量法简单易学，是医生初步诊断疾病和个人检测自我身体健康状况的主要方法。

1. 体温测量

（1）测量体温前应先检查体温计水银端有无破损，水银柱是否在 35℃ 以下。

（2）用干毛巾或者纸巾擦干净腋下皮肤，将体温计水银柱端放于腋窝深处紧贴皮肤，将体温计夹紧，5～10分钟后取出读数并记录，然后将水银柱甩到 35℃ 以下。

体温计的水银柱端紧贴腋窝凹陷处，体温计的探头往上，往腋窝凹陷中央顶住。

体温计紧紧夹于腋窝中，腋窝需紧闭，夹住体温计的那只手的手掌向上，手肘紧贴身体，体温计倾斜向上，和身体大约呈30°角。

在到达平衡温前，水银体温计需要5～10分钟。假如是预测式体温计，当电子声响时（约90秒）即测定完毕。

体温测量方法

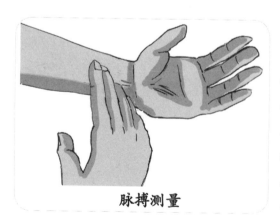

脉搏测量

2. 脉搏测量

测量脉搏前应安静休息 5～10 分钟，将前臂及手平放在桌子上，用食指、中指、无名指的指端并拢按在桡动脉上，感受到桡动脉的跳动后开始计数。一般数 30 秒，将所得值乘 2 就得到一分钟脉搏跳动的次数。

不受控制的身体
癫痫

中学生李某，在中考时，突然口吐白沫、手足抽搐、面色发黄地昏倒在地上。监考老师立即向考场医生呼救，后经医生诊断李某是癫痫发作了。

 知识点

1. 癫痫

癫痫属于慢性短暂脑功能失调，易反复发作，以脑神经元异常放电引起反复痫性发作为特征。

2. 青少年癫痫常见类型及症状

（1）强直、阵挛型：早期意识丧失，跌倒，随后双眼上翻，口张开后突然闭合或尖叫，头和下肢后弯而导致躯干向前呈弓形，持续 10 ～ 20 秒后全身肌肉出现间断性阵挛，患者可有牙关紧闭，大小便失禁，最后肌张力松弛，发作慢慢缓解，意识恢复。此类型的癫痫从发作到意识恢复需 5 ～ 15 分钟。患者醒后常感觉头痛、全身酸痛等。强直型、阵挛型亦可单独发作。

（2）失神型发作：表现为动作终止，叫之不应，可伴有轻微的运动症状，开始发作和结束都比较突然且持续时间短，全程5～20秒。

（3）失张力型发作：全身或双侧肌肉肌张力突然丧失，导致跌倒、肢体下坠等，发作时间短，多不伴明显意识障碍。

👍 正确处理措施

（1）掌握自己癫痫发作前兆，如感觉异常、胸闷、上腹部不适、恐惧、流涎、视听模糊等。

癫痫发作后的正确体位

（2）一旦有上述症状出现，立即服用药物或转移到安全的地方坐下或侧卧位躺下休息，解开衣领、腰带，保持呼吸通畅。

（3）放松心情，深呼吸，保持平和心态，拨打急救电话，寻求他人帮助。

（4）休息后未明显缓解，立即将软毛巾或自身衣物卷成筒状塞入上下牙齿之间，防止癫痫发作时咬伤自己。注意口中塞入物不可太满，以防发作时分泌物无法流出，影响呼吸。

✋ 错误应对方法

（1）癫痫发作时惊恐、紧张，失去判断力。

（2）有癫痫病史的患者单独到无人地区、公路、水塘、高处等危险地方。

（3）强行硬搬病人的肢体。

（4）强行撬开患者牙关或喂水。

（5）在患者抽搐期间掐患者的人中，强制性按压患者四肢。

不能硬搬病人的肢体

预防·小·贴士

（1）寻找诱发癫痫的因素，并避免接触；存在中枢神经系统疾病的患者，应及时治疗。

（2）控制发作。

①早治疗，早诊断，正确合理用药，规律用药。

②定期复查，了解病情发展状态。

③加强锻炼，不能过于劳累，避免感冒、感染等。

④保持心情舒畅、放松；保持室内空气流通、环境安静。

⑤饮食清淡，营养全面，注意补充维生素及微量元素；不吸烟酗酒。

（3）减少发作对身心造成的损害。

①不单独到公路、高处、水塘等危险地方。

②外出随时携带控制癫痫发作的药物。

③癫痫发作时采用正确的自救措施，及时寻求他人帮助。

（4）不可自行增减药物剂量或停药。

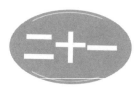

运动中不能承受的痛
◀ 运动性腹痛 ▶

中学的 800 米体育测试，既要耐力又要速度，是困扰不少中学生的难题。在考试时，压着腹部、脸色煞白坚持跑步的同学不在少数。他们发生了什么？原来是运动性腹痛。

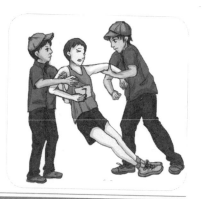

知识点

腹痛按发生部位及原因可分为以下三类：一是腹腔内疾病如胆囊炎、阑尾炎；二是腹腔外疾病如冠心病；三是运动性腹痛。排除其他器质性因素，仅与运动相关的称之为运动性腹痛。运动性腹痛是身体对运动强度和运动量不适应的一种表现，是运动过程中一种常见症状，在中长跑运动中发生率最高。

运动性腹痛的常见原因

（1）缺乏锻炼或训练水平低。

（2）在准备活动不充分的情况下参加高强度的运动导致人体内脏器功能不能满足需求，尤其是心肌力量较差，搏动无力，影响静脉血液回流，下腔静脉压力上升，肝静脉回流受阻，导致肝脾淤血肿胀，肝脾包膜张力增加，牵扯引起疼痛。

（3）身体状况不佳、劳累，精神紧张，女生月经期运动疼痛。

（4）剧烈运动时大量出汗导致水、电解质失调，加上疲劳可导致腹直肌痉挛性疼痛，也称腹直肌痉挛。

（5）运动时呼吸节奏不好，速度突然加快。运动量大时，均匀的呼吸节律被打乱，使吸氧量下降，体内缺氧，导致呼吸肌疲劳，对肝脏的按摩作用减弱，导致肝脏淤血性疼痛。

（6）运动前食用过多或饥饿状态下参加剧烈训练和比赛。因为运动前进食过饱，食用了大量的水、碳酸饮料、刺激性食物或者空腹运动，运动时引起胃肠痉挛性腹痛。

👍 正确处理措施

（1）不要惊慌，立即减速慢跑，加强深呼吸，调整呼吸和运动节奏。

（2）用手按压疼痛部位，或弯腰慢跑一段距离，一般腹痛可以减轻或消失。

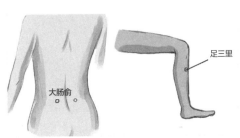

（3）疼痛剧烈者，如按上述方法不能缓解，可以口服解痉药阿托品片 0.3 毫克，或消旋山莨菪碱片 5 毫克，以止痛。

（4）如无药品或服药后无效，还可以针刺足三里、内关、大肠俞等穴位来缓解疼痛。

（5）热敷腹痛部位，或局部给以按摩，用揉、按压做背伸动作，拉长腹肌。

（6）如腹痛持续或者腹部摸上去呈"木板状"，并抗拒触摸按压就要考虑是腹膜炎，应紧急送医院检查诊治。腹膜炎是外科常见的

严重疾病，其病理基础是腹膜壁层和（或）脏层因各种原因受到刺激或损害发生急性炎性反应，多由细菌感染、化学刺激或物理损伤所引起。

错误应对方法

自行口服止痛药，如去痛片、布洛芬、酮洛芬等。因为这些止痛药必须在明确诊断或排除器质性病变（如阑尾炎、肠梗阻等）时才可以使用。

预防小贴士

（1）全面加强体能锻炼，增强身体对运动的耐受力。

（2）遵守科学运动的原则，循序渐进地增加运动量。加强身体综合训练，提高心肺功能，良好的心肺功能使运动中肝脾淤血减少，腹痛也会减少。

（3）充分做好准备运动。充分的准备活动，能加快体内代谢过程，提高神经系统兴奋性、灵活性，保证器官系统间协调工作，而且肌肉活动能使人体尽快进入运动状态，避免运动过快使胃肠道缺血缺氧发生胃肠痉挛或功能紊乱。

（4）运动过程中调整好呼吸和运动节奏，强调呼吸与动作的协调性。

（5）安排好饮食和运动时间，运动前不宜吃得过饱，不吃难消化、过冷、过硬的食物，不宜大量饮水（最好不超过300毫升）；用餐1.5小时后才能参加运动；饥饿状态下不宜参加运动；运动过程中适当补充水分和钠、钾，如喝矿泉水。

（6）女生在月经期间应合理安排运动量，可减少运动，注意保暖，不吃生、冷、硬等有刺激性的食物。

（7）运动时应尽量避免身体冲撞，注意安全。

（8）有腹部疾病的应及时就诊治疗。

二十二 "抽风" 的小腿
肌肉痉挛

在伦敦田径世锦赛 4×100 米决赛中，博尔特最后一棒起跑后就遭遇小腿抽筋。他的田径生涯以这样的镜头作为谢幕，令很多观众感到惋惜。

其实在运动场上，肌肉痉挛（俗称抽筋）非常常见。较常见的是小腿（腓肠肌）痉挛，此外上臂、手掌、手指、大腿、小腿、足、脚趾等都可能出现痉挛。

 知识点

肌肉痉挛，是指肌肉突然、不自主地强直收缩的现象，会造成肌肉僵硬、疼痛难忍。可持续几秒到数十秒之久，常见原因主要有寒冷刺激、肌肉连续收缩过快、出汗过多、疲劳过度引起局部肌肉痉挛；高热、癫痫、破伤风、狂犬病、缺钙等可引起全身性抽筋。

正确处理措施

1. 原发病的处理

有高热时应设法降低体温，可采用冷水或稀释后的酒精擦浴，也可在头、颈部、腋下、腹股沟处放置冰袋，额头可用冷毛巾敷。以往有高热抽筋史的患者，家中应备止痉药，如安定。

有癫痫病史者参照本书内《不受控制的身体——癫痫》相关内容进行处理。

2. 不同部位肌肉痉挛的正确处理措施

（1）上臂抽筋：将手握成拳头并尽量屈肘，然后用力伸开，如此反复进行。

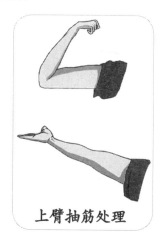

上臂抽筋处理

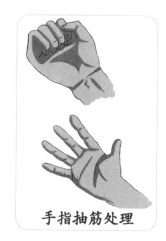

手指抽筋处理

（2）手指抽筋：可以先握紧拳头，然后用力伸张，迅速重复数次，直至复原为止。

（3）手掌抽筋：首先，双手手指并拢紧贴，推向疼痛手掌心反转向外，用力伸展向后弯，多次重复后即可复原。也可将手指压住桌缘，下压手掌完成。

（4）大腿抽筋：弯曲膝盖，置于胸前，双手抱住小腿，用力收缩，然后将腿伸直，如此反复多次即可。

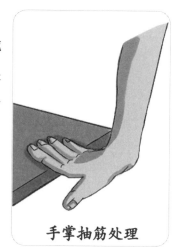

手掌抽筋处理

大腿抽筋处理

小腿或脚趾抽筋处理

（5）小腿或脚趾抽筋：用抽筋小腿对侧的手，握住抽筋腿的脚趾，用力向上拉，同时用同侧的手掌压在抽筋小腿的膝盖上，帮助小腿伸直。

✋ 错误应对方法

（1）继续坚持运动。

（2）盲目甩动痉挛部位。

预防小贴士 ⊕

（1）经常锻炼，增强肌肉耐受力，防止肌肉过度疲劳。

（2）运动前做好充分的预备活动；循序渐进增加运动量；运动时适时补充水分和电解质，如喝适量矿泉水。

（3）注意饮食平衡，特别是从饮食中补充各种必需的营养成分，如喝牛奶和豆浆可以补钙，吃蔬菜和水果可以补充各种微量元素。

（4）夜里容易抽筋的同学，要注意保暖，可在睡觉前拉伸肌肉，尤其是容易抽筋的肌肉部位。

不容小觑的晕倒 ◆低血糖◆

《南京晚报》报道一名中学生在乘坐公交车上学时突感心慌，全身无力，下车时，突然栽倒在地。该学生脸色惨白，浑身发抖，公交车司机随即停车拨打 120 急救电话，后经医务人员到场诊断，该名同学晕倒系因低血糖。

 知识点

1. 低血糖

低血糖是一种由于多种病因引起的血浆葡萄糖（血糖）浓度过低的综合征。临床上常表现为交感神经兴奋和脑细胞缺氧。

2. 低血糖的症状

（1）低血糖的轻度症状：心慌、饥饿、冷汗、焦虑、手抖、软弱无力、四肢冰凉、精神不集中、视物不清、步态不稳、头晕等。

（2）低血糖的重度症状：骚动不安、抽搐、嗜睡、意识丧失、昏迷乃至死亡。

👍 正确处理措施

1. 轻度症状的处理

（1）当出现上述低血糖症状时，应就地休息，停止活动。

（2）如随身携带有含糖食物，应立即口服 15 克葡萄糖或其他无脂碳水化合物（可选食物种类及量可参考下图），当身边无含糖食物时，要及时向身边其他人员求助，尽快为机体补充葡萄糖或碳水化合物。

一杯橘子汁　　　　　一杯纯牛奶　　　　　两块方糖

葡萄糖片

2~5 个葡萄糖片　　　　几个糖果　　　　　三汤匙蜂蜜

15 克含糖（无脂碳水化合物）食物示例

（3）等待 15 分钟后观察低血糖症状是否缓解。

（4）如症状未缓解，重复以上程序并拨打 120 急救电话，及时去医院就诊。

2. 重度症状的处理

（1）自救方法：重度低血糖时，患者会逐步出现意识障碍，应在意识清醒时，及时向身边的人员求助或拨打 120 急救电话。

（2）救助他人：重度低血糖患者即使手边有果汁也无法吞咽，此时应将蜂蜜或葡萄糖凝胶涂于口腔内壁使其吸收，并立即拨打 120

急救电话，若条件许可，应尽早为患者注射高浓度葡萄糖（50%）或胰高血糖素。当患者意识完全清醒后，可以先喝少量果汁，再吃其他食物。

错误应对方法

（1）错误判断病情，不及时进食含糖类的食物，导致低血糖症状持续加重。

（2）已明确出现低血糖症状时，不立即卧床休息，仍继续活动，存在诱发其他心脑血管系统疾病的危险。

（1）定时定量进餐。

（2）限制饮酒，尤其不能空腹饮酒。

（3）规律运动，量力而行。

（4）运动中注意心率变化及身体感受。

（5）运动时间超过1小时应及时加餐，但加餐量不宜过多。

（6）糖尿病患者降糖治疗期间，外出或运动时随身携带糖果、饼干等食物。可将紧急联系人信息放在容易看到或找到的地方，便于低血糖晕倒后的救助。

二十四 生气的花粉 过敏

据东北网报道，哈尔滨市民刘某来到哈尔滨市红十字中心医院就诊时称，自己已经感冒半个月了，每天打喷嚏、流鼻涕、头昏脑涨，吃了各种药也无法缓解。后来经医生诊治，该男子其实是花粉过敏。

 知识点

1. 过敏

人体对空气、水源、接触物或食物中的天然无害物质出现过度的反应时，人体就出现了过敏。这些物质称为"过敏原"，是造成过敏的罪魁祸首。

2. 常见的过敏原

（1）食物：海鲜、坚果、鸡蛋、牛奶等含高异蛋白质食品及辛辣食物。

（2）吸入物：花粉、屋尘、螨虫等。

（3）药物：阿司匹林、青霉素、磺胺、疫苗或中草药等。

（4）化学物质：护肤品、染发剂、杀虫剂、油漆、防腐剂、防晒剂、酒精、香科、人工色素、冷烫剂、橡胶、汽油等。

（5）金属物质：金、银、铜、汞、铅、镍。

（6）其他：动物皮毛、皮件、纤维、蚊虫叮咬。

3．过敏症状

过敏不是免疫力低下，而是免疫力异常增强所引起的。过敏主要影响皮肤、消化系统和呼吸系统，其中消化系统和皮肤最早出现症状。进食后出现呕吐、腹泻、便秘，严重者出现腹泻、便秘交替现象和严重的腹部绞痛；也常见于皮肤，表现为皮肤瘙痒、红斑、局部或全身性急性荨麻疹。慢性皮肤过敏除了瘙痒、红斑外，主要表现为湿疹。

上呼吸道过敏的表现类似"感冒"，表现为鼻痒、打喷嚏、鼻塞、流鼻涕、流眼泪、结膜炎、咳嗽、扁桃体肿大等。下呼吸道过敏可出现咳嗽、胸闷、喘息、气短等症状。

👍 正确处理措施

（1）立即脱离过敏原。

（2）出现皮肤瘙痒、红斑或皮肤潮红等过敏反应时，如果反应较轻，可自行外用氢化可的松软膏、皮炎平软膏、派瑞松软膏等。

（3）服用抗组胺药物，如氯雷他定、西替利嗪、扑尔敏等。

（4）过敏反应严重者应尽快到医院抢救，离医院远的可先就地治疗并抢救，然后送医院进一步检查与处置。

（5）一旦出现过敏性休克，必须迅速、及时地处理：病人平卧，下肢稍抬高，以利大脑血流供应，注意保暖，保持呼吸道通畅，以防窒息，同时拨打120或就近送医院抢救。

（6）过敏的对因治疗中，脱敏疗法较好，但这种方法由专业医生掌握，而且治疗时间长达两到三年。

✋ 错误应对方法

（1）皮肤过敏时抓、挠红肿发痒的皮肤。

（2）皮肤过敏时晒太阳。

（3）呼吸道过敏出现鼻塞、流涕、咳嗽等症状时服用感冒药和消炎药。

预防小贴士

（1）远离可能导致过敏的环境，避免食用可能引起过敏的食物。避免滥用抗生素，减少接触消毒剂等容易导致过敏的物质。

（2）饮食要均衡，不要吃油腻和辛辣食物，少吃甜食，多吃富含维生素、热量高的食物，不能吃冰冷的食物。

（3）要有良好的生活习惯，经常换洗衣物，锻炼身体，增强抵抗力。

（4）易过敏人群可随身携带治疗过敏的药物，比如氯雷他定、西替利嗪等，以备不时之需。

（5）正确选用护肤品。化妆品买回后，先不要直接涂在脸上，可以在耳后少量测试是否过敏，出现过敏现象要立即停用。

暗藏危机的美食 ◆食物中毒◆

某市一中学校中午就餐学生680人，15时20分，部分学生相继出现恶心、呕吐、腹痛、腹泻、头昏、头痛、四肢麻木症状，少数有发绀等症状，共计429人入院诊治，确诊为亚硝酸盐、皂甙中毒。

知识点

1. 食物中毒

食物中毒指食用被有毒有害物质污染的食品或者食用了含有毒有害物质的食品后出现的急性、亚急性疾病。

2. 食物中毒的分类

最常见的有细菌性食物中毒、化学性食物中毒、真菌毒素和霉变食物中毒、有毒动植物食物中毒4类。

3. 食物中毒的特点及表现

（1）发病潜伏期短，呈爆发性，短时间内可能有多数人发病。

（2）发病与食物有关，中毒病人在相近时间内均食用过某种可疑食物，未食用者不发病。中毒原因排除后不再有新病例发生。

（3）中毒病人表现基本相似，以恶心、呕吐、腹痛、腹泻等胃肠道症状为主。

（4）人与人之间无直接传染。

4. 食物中毒常见原因

（1）原料选择不严格，可能食品本身有毒，或受到大量细菌及其毒素污染，或食品已经腐烂变质。

（2）在食品生产、加工、运输、贮存、销售等过程中不注意卫生、生熟不分造成食品污染，食用前又未充分加热处理。

（3）食品保存不当，致使马铃薯发芽、食品中亚硝酸盐含量增高、粮食霉变等，都可造成食物中毒。

（4）加工烹调不当，如肉块太大，内部温度不够，细菌未被杀死。

（5）有毒化学物质混入食品中并达到中毒剂量。

👍 正确处理措施

（1）立即停止食用可能引起中毒的食物。

（2）可用手指压咽部等紧急催吐的办法尽快将食物吐出。

（3）马上向所在地的食品药品监督管理部门、疾病预防中心报告。同时注意保护好现场。

（4）立即拨打 120 呼救。

错误应对方法

（1）继续食用可能引起中毒的食物。

（2）不去医院接受治疗，期望能自愈。

（3）不告诉家长、老师和同学。

（4）毁掉可疑食物。

（1）保持就餐用具的清洁卫生。

（2）选择新鲜、安全的食品和食品原料。切勿购买和食用腐烂变质、过期和来源不明的食品，禁止食用发芽马铃薯、野生蘑菇、河豚等含有或可能含有有毒有害物质的原料加工制作的食品。

（3）彻底加热食品，特别是肉、奶、蛋及其制品，四季豆、芸豆角、豆浆等应烧熟煮透。

（4）烹调后的食品应在 2 小时内食用。

（5）经冷藏保存的熟食和剩余食品及外购的熟肉制品，食用前应彻底加热，食物中心温度须达到 70℃，并至少维持 2 分钟。

（6）不去无证、无照的流动摊点和卫生条件差的饮食店购买食物。

（7）在商店购买食品、饮料，要特别注意生产日期和保质期，不购买、食用过期食品、饮料。

（8）生吃瓜果要洗净。瓜果蔬菜在生长过程中不仅会沾染病菌、病毒、寄生虫卵，还有残留的农药、杀虫剂等，如果不清洗干净，不仅可能染上疾病，还可能造成农药中毒。

（9）养成良好的卫生习惯，做到饭前便后要洗手。

（10）尽量不吃剩饭菜。如需食用，应彻底加热。剩饭菜，剩的甜点、牛奶等都是细菌的良好培养基，不彻底加热会引起细菌性食物中毒。

（11）不吃霉变的粮食、甘蔗、花生米，其中的霉菌毒素会引起中毒。

（12）饮用符合卫生要求的饮用水，不喝生水或不洁净的水。

二十六 危险的高温 ◆中暑◆

初二学生小徐，利用暑假参加社会实践。连日高温，小徐顶着烈日坚持到社区发放健康知识传单时，突然晕倒在地，就诊时体温已达体温计上限42℃，被诊断为中暑重症之一——热射病，经救治后恢复健康。

 知识点

1. 中暑

中暑是指长时间在高温或烈日照射的环境下，出汗过多，缺乏体液的补充，身体受到热伤害而产生的一连串反应，严重时会危及生命。

2. 中暑的表现

（1）先兆中暑、轻症中暑者常伴有口渴、食欲不振、头痛、头昏、多汗、疲乏、虚弱、恶心及呕吐、心悸、脸色干红或苍白、注意力涣散、动作不协调等症状，体温正常或升高。

（2）重症中暑包含以下三种情况。

热痉挛：表现为四肢或者腹部肌肉发生痉挛，可伴随肌肉收缩痛，持续数分钟后缓解，体温无明显升高。

热衰竭：表现为大汗、极度口渴、乏力、头痛、恶心呕吐，体温高，可有明显脱水征。

热射病：表现为高热、皮肤干燥、意识模糊、惊厥甚至无反应，周围循环衰竭或休克，是一种致命性急症。

👍 正确处理措施

（1）立即停止活动，在凉爽、通风的环境中休息。脱去多余的或者紧身的衣服。

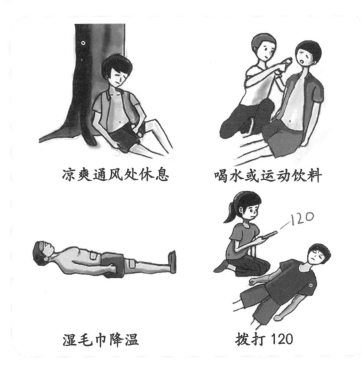

凉爽通风处休息　　　　喝水或运动饮料

湿毛巾降温　　　　拨打120

（2）中暑者有意识、没有恶心呕吐的情况下，可以喝水或者运动饮料，也可服用人丹。

（3）用湿的毛巾放置于中暑者的头部和躯干处以降温。

（4）如果情况没有改善，应迅速拨打 120 急救电话。

✋ 错误应对方法

（1）身体受热后快速冷却。

（2）饭前饭后以及剧烈运动前后大量饮水。

中暑的处理

（1）充足的睡眠。合理安排休息时间，保证足够的睡眠以保持充沛的体能，提升自身防暑能力。

（2）科学合理的饮食。多吃蔬菜水果及适量的动物蛋白质和脂肪，补充体能消耗。切忌节食。

（3）做好防晒措施。室外活动要避免阳光直射头部，避免皮肤直接吸收辐射热，戴好帽子、衣着宽松。

（4）合理饮水。每日饮水量达到 3～6 升，以含氯化钠 0.3%～0.5% 为宜。

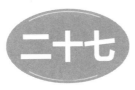

艰难的呼吸
◆哮喘◆

某天上午，烟台一中学生突发哮喘，他喘息着跑到市交警大队协管员小孙处说："警察叔叔，我呼吸困难站不住了。"话音一落便歪倒在小孙身旁。小孙立即将该学生送往医院。

知识点

1. 哮喘

哮喘即支气管哮喘，是一种反复发作的以喘息、气促、呼吸困难、胸闷、咳嗽、咳痰、干咳或咯大量白色泡沫痰，甚至发绀等为表现的一组病征，且多在夜间或凌晨发作。

2. 诱发哮喘的原因

（1）遗传因素：有血缘关系的近三代中有哮喘或其他过敏性疾病病史。

（2）环境因素：空气传播的过敏原（螨虫、花粉、宠物、霉菌等）、某些食物（坚果、牛奶、花生、海鲜等）、药物过敏等。

👍 正确处理措施

（1）哮喘早期症状为鼻咽痒、咳嗽、打喷嚏、流涕、胸闷等。发生哮喘时应立即停止活动，到安静、空气清新的环境静坐休息或及时用药。

（2）稳定情绪，不要紧张，尽量使全身肌肉处于放松状态。

呼吸法

（3）呼吸时全身放松，用口呼气，用鼻吸气，呼气时瘪肚子，吸气时鼓肚子，呼吸要均匀、慢而细长，尽可能深呼吸。

（4）哮喘发作时多喝水，因为缺水可使气管里的分泌物更加黏稠，使呼吸道受阻。

（5）寻求他人帮助，及时拨打急救电话。

（6）哮喘缓解后可食少量半流质或流质食物。

✋ 错误应对方法

（1）哮喘发作时紧张，呼吸急促。

（2）捶打或按揉咽喉部。

（3）四处奔走、心情急躁。

（4）张口用力呼吸。

（1）生活中养成多饮水的好习惯。

（2）劳逸结合，坚持散步或慢跑，增强肺部功能，提高抗寒能力和机体免疫力。

（3）室内定期开窗通风，保持阳光照射；远离过敏原。

（4）食用清淡、易消化的食物，尽量避免冷食、冷饮，宜少量多餐，不宜过饱，发作期尽量不吃辛辣食物及海鲜食品，特别是禁止食用引发哮喘的食物。

（5）保持良好的精神状态，保持心情舒畅，避免情绪紧张。

（6）注意保暖，避免受凉。

（7）定期体检，了解哮喘病情发展情况，随身携带相应药品。

二十八 短暂的意识丧失 ◆晕厥◆

山西省大同市一名学生周某课间休息扔垃圾时突然晕倒在教室，约15分钟后才恢复意识，清醒后觉得浑身乏力，头痛。而后的1年半时间里他晕厥发作10余次，均在坐起来活动的时候发生。到医院就诊被诊断为体位性心动过速综合征及血管迷走神经性晕厥症。

 知识点

晕厥是各种原因导致的大脑一时性缺血、缺氧引起的短暂性意识丧失。患者突然感到头昏、精神恍惚、视物模糊或眼前发黑、全身肌肉无力，这些是晕厥的先兆。随后突然意识丧失，但可迅速恢复。

晕厥发作多呈间断性，存在多种潜在病因，有致残甚至致死的危险，所以对晕厥患者不可忽视，应及时送到医院进行诊治。

引起晕厥最常见的病因有心源性晕厥、自主神经调节失常、血管

舒缩障碍、脑血管疾病、低血糖和癔症等。但晕厥发作可由多种病因同时引起，甚至还有相当一部分晕厥，医学上还无法查明其原因。

👍 正确处理措施

（1）发现晕厥患者后应当紧急救助，要立即将患者置于平卧位，取头低脚高位，解开衣扣，保持呼吸道通畅。

（2）可从下肢开始做向心性按摩，促使血液流向脑部；同时可按压患者合谷穴或人中穴，通过疼痛刺激使患者清醒；或者向面部喷少量凉水和额头上置湿凉毛巾刺激，可以帮助患者清醒。

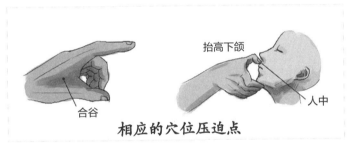

相应的穴位压迫点

（3）注意保暖，禁止摄入食物，清醒后不可立马站起，避免晕厥再次发生。低血糖患者意识清醒后可以食用少量果汁、糖水等，待全身无力症状好转后逐渐起立行走。

（4）患者应及时到医院进行治疗。

✋ 错误应对方法

（1）随意扶患者坐起。

（2）随意搬动患者。

（3）抱住患者又摇又喊，试图唤醒患者。

（1）平时注意锻炼身体，增强体质，稳定机体，提高神经调节功能。

（2）应缩短洗澡时间或间断洗澡，保证室内空气流通，可以在洗澡前喝一杯温热的糖水。

（3）有心脏病的患者应避免长时间洗澡。

（4）当感到头昏、眼前发黑时，表示晕厥即将发生，可以交叉双腿，压迫腿部的肌肉；或者用一只手抓住另一只手，然后将双臂伸直。

痛苦的"紧箍咒" ◆ 头痛 ◆

据今日头条新闻报道，有一名 15 岁的中学生，头痛逐渐加重 1 个月，左侧肢体乏力半个月后到医院就诊，发现大脑的第三脑室和松果体区有肿瘤，最后通过显微外科手术将肿瘤切除，完全康复。

知识点

头痛是常见的一种症状，引起头痛的原因有很多，如脑膜炎、脑血管疾病、神经痛、颅内肿瘤等。一些全身性的疾病也可以引起头痛，如高血压病、急性感染、中毒等；某些头面部的疾病也可以引起头痛，如中耳炎、鼻窦炎等。

头痛的类型

（1）紧张性头痛。在中学生中最常见，由于长期紧张的学习，学习时姿势不正确引起颈部肌肉收缩导致。常出现在额头、双侧太阳穴及颈部，头部呈钝痛，无搏动性，头痛程度属轻度或中度，常常感

觉头顶重压发紧或头部箍紧感，后颈部僵硬。少数学生会产生轻度烦躁或低落情绪。

（2）偏头痛。是一种常见的原发性头痛，常见于儿童和青少年，女性多于男性。发病的原因不明确，和遗传因素、内分泌代谢因素、饮食及精神因素有关。头痛发作时呈中重度、搏动样疼痛，头痛多位于额头和太阳穴处，一般持续 4～72 小时，可伴有恶心、呕吐和头晕等症状。光线、声音刺激，情绪紧张，失眠等可加重头痛，安静环境中休息可缓解头痛。

（3）急性上呼吸道感染、急性肺炎等引起的头痛，伴有鼻塞、流涕、打喷嚏、咳嗽、咳痰、胸痛等呼吸道症状。

（4）眼科疾病，如屈光不正、青光眼等，引起的头痛呈胀痛或隐痛。屈光不正多发生在长时间阅读后，青光眼常伴有恶心、呕吐和视力减弱等症状。

👍 正确处理措施

（1）紧张性头痛，经过按摩、推拿放松颈部肌肉可以减轻症状。如果头痛急性发作，可以给予止痛药治疗，药物可以减轻疼痛，缓解症状。平时应注意休息，劳逸结合，养成正确的书写姿势。

（2）偏头痛在发作时可以使用对乙酰氨基酚、布洛芬等止痛药，物理治疗可以采取磁疗法。

（3）其他疾病引起的继发性头痛首先应治疗原发性疾病，比如高血压引起的头痛给予降压药物治疗，颅内感染应采用抗感染治疗。

错误应对方法

（1）随意服用止痛药物。

（2）拍打、撞击头部。

（3）食用加重头痛的食物，如饮酒、喝咖啡、吃巧克力。

（1）应尽量避免诱因，包括避免头、颈部的软组织损伤。

（2）保持健康的生活方式，注意心理疏导，缓解压力，避免情绪波动等，同时还应及时诊断及治疗引起继发性头痛的原发性疾病。

（3）饮食宜清淡，避免摄入辛辣刺激、生冷食物，少食巧克力、乳酪、酒、咖啡、茶叶等易诱发疼痛的食物。

三十 夺命的电流
← 电击伤 →

某中学一名高二男生课间在楼道休息，左手扶住阳台栏杆，右手误触墙壁未完工的楼道安全出口标识设备，不料设备漏电，致该名男生触电身亡。

 知识点

1. 电击伤

电击伤是电流通过人体内部，当电流达到一定值后，使肌肉发生抽筋现象，引起呼吸困难、心跳停止、神经系统损伤，人体内部组织被破坏，甚至死亡。

2. 电击伤的表现

（1）轻者立刻出现惊慌、呆滞、面色苍白，接触部位肌肉收缩，且有头晕、心动过速和全身乏力症状。

（2）重者出现昏迷、持续抽搐、心室纤维颤动、心跳和呼吸停止。

（3）有些严重电击伤患者当时症状虽不重，但在 1 小时后可突然恶化。

（4）部分电击伤患者心跳和呼吸极其微弱，甚至暂时停止，处于"假死状态"，因此要认真鉴别，不可轻易放弃对电击伤患者的抢救。

👍 正确处理措施

1. 电击伤者的自救

（1）镇定自救，边呼救，边奋力跳起，尽力摆脱电源。

（2）如果在水中感觉发麻或其他疑似触电的征兆，可采用单脚跳的方式跳出积水区。注意单脚跳时，必须有一只脚既不接触地面，也不接触水面。

（3）保持镇静。在触电后的最初几秒钟内，人的意识不会完全丧失，电击伤者可用另一只手抓住电线绝缘处，把电线拉出，摆脱触电状态；如果触电时电线或电器固定在墙上，可用脚猛蹬墙壁，同时身体往后倒，借助身体重量甩开电源。

2. 救助触电者

（1）迅速脱离电源：现场救治应争分夺秒，首要任务是切断电源。

常用方法有：关闭电源、挑开电线。

①关闭电源：迅速关闭电源开关、断开电源总闸刀。

②挑开电线：用干燥木棒、竹竿等将电线从电击伤者身上挑开。

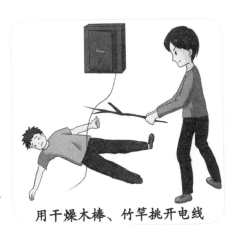

用干燥木棒、竹竿挑开电线

（2）斩断电路：在雨天或远离电源开关的地方，不便接近触电者以挑开电源线时，可在现场20米以外用绝缘钳子或木柄干燥的铁锹、斧头、刀等将电线斩断。

（3）"拉开"触电者：若触电者不幸全身趴在铁壳机器上，抢救者可在自己脚下垫一块干燥木板或塑料板，用干燥绝缘的布条、绳子或用衣服绕成绳条状套在触电者身上将其拉离电源。

3. 吸氧

有缺氧感觉时可给予吸氧。

4. 心肺复苏

有必要时应给予心肺复苏，同时拨打 120 急救电话。

5. 保护被电灼伤的创面

灼伤创面周围皮肤用碘伏消毒后，加盖无菌纱布包扎，立即送医院。

 错误应对方法

（1）用潮湿的工具或金属物质，或直接用手拨开电线。

（2）用手直接触及带电者。

（3）用潮湿的物件搬动带电者。

触电的处理

预防小贴士

（1）不要乱拉乱接电线。

（2）电器冒烟或有异味时，立即切断电源检查。

（3）不要在变压器和配电设施附近玩耍。

（4）严禁在电线和变压器附近放风筝。

重庆市合川区市民刘某的妻子带着两个年幼的孩子在家做饭，由于炉火熄灭导致天然气发生泄漏，母子三人都不幸煤气中毒。

知识点

1. 一氧化碳中毒

一氧化碳中毒是指天然气、煤气等燃气不完全燃烧产生一氧化碳，一氧化碳从呼吸道进入血液，与血红蛋白结合成碳氧血红蛋白，妨碍红细胞的带氧、输氧功能进而导致窒息。当血液中碳氧血红蛋白达到 70% ～ 80% 时，会导致中毒者死亡。

2. 一氧化碳中毒的表现

（1）轻度中毒：感觉头晕、头痛、眼花、耳鸣、恶心、呕吐、心慌、全身乏力。

（2）中度中毒：除上述症状外，还会出现多汗、烦躁、走路不稳、皮肤苍白、意识模糊、感觉睡不醒、困倦乏力等症状。

（3）重度中毒：神志不清，牙关紧闭，全身抽搐，大小便失禁，面色和口唇呈现樱红色，呼吸、脉搏增快，此时生命垂危，容易遗留严重的后遗症。

👍 正确处理措施

（1）用湿毛巾捂住口鼻，关闭燃气开关，打开窗户，尽快离开现场。

（2）将中毒者移到空气新鲜处，及时松开衣物皮带，保持呼吸道通畅。在天气寒冷的情况下，还应注意中毒者的保暖。

（3）发现邻居家中燃气泄漏，正确做法应该是敲门通知。

（4）拨打120急救电话。在救护车未来前，如果发现中毒者呼吸停止，应及时进行心肺复苏。

✋ 错误应对方法

（1）开启电源开关（如开灯、关灯），使用室内电话或手机，使用排气扇、电风扇排气，使用明火。

（2）发现邻居家中燃气泄漏，使用门铃、电话等各类电器设施通知邻居。

煤气中毒的处理

（1）使用燃气时应开窗开门，让室内良好通风，煤气设备不应放在密闭的房间内。

（2）注意燃气设备的正确使用方法及定时保养。

（3）检查气阀、气管、连接煤气具的橡皮管等是否存在漏气的现象，发现漏气及时报修。如何检查漏气请看下图的小妙招。

（4）如要出远门，离家的时候关闭燃气开关。

四招保障用气安全

1. 在家里检查燃气是否泄漏，即使光线不好也不要用明火照明；万一有燃气泄漏，很容易马上引发爆炸。

2. 通过闻气味判断，天然气闻起来是一种难闻的臭鸡蛋气味，如关闭气表阀门后有臭味，可判断为气表阀门有泄漏。

3. 通过燃气表判断，在完全不用燃气的情况下，查看气表的末尾红框内数字是否走动，如走动可判断气表阀门有泄漏。

4. 将肥皂或洗衣粉用水调成皂液，依次涂抹在燃气管、燃气表胶管、旋塞开关等容易漏气的地方，皂液如遇燃气泄漏，就会被漏出的燃气吹出泡沫。

三十二 药品的秘密 用药常识

小明发烧了，小明妈妈认为吃点抗菌药就可以退烧，没想到吃了几天抗菌药后，小明不仅没有退烧，而且越来越严重，还拉肚子，最后医院诊断小明为病毒性感冒，吃抗菌药不但没有作用，还杀死了肠道正常细菌导致了拉肚子。

知识点

（1）任何药物都有副作用，常见的副作用有皮疹、头晕、呕吐等。副作用严重时，就要考虑停药或改用别的药。多种药物合用不当、增加药量也会增加副作用和不良反应的发生率。

（2）我国将药品分为处方药和非处方药。处方药是指凭医生处方才能购买、调配和使用的药品。非处方药（药品包装上有 OTC 的标识）是指那些不需要医生处方，消费者可直接在药房或药店中购取的药物。OTC 就是相对比较安全的药品，它又分甲类（红色 OTC 标志）和乙类（绿色 OTC 标志），乙类的安全性更高。

（3）药品保存的重要原则是：避光、避湿、避热。要按照药品说明书上所写的储存条件保存。每年定期检查家中药品，凡是过期、变质、标签脱落的药品要及时清除并更新。

（4）保健食品不能代替食品及药品。保健食品不能直接用于治疗疾病，它只具有调节机体的功能，是对日常饮食进行补充的食品。

因此，任何保健食品都不能"声称"自己有药品的治疗作用和治疗效果。正规的保健食品是有"身份证"的，就是包装上有像"蓝帽子"的标识（如图）。

👍 正确处理措施

（1）服药时，遵照说明书或医生处方的用法用量，不擅自服药。注意药品的生产日期、有效期和贮存条件。

（2）按时用药。弄清服药时间，如无特别说明的药物一般饭后服用。"一日三次"服药是指每隔 8 小时服用 1 次。

（3）一旦出现药物副作用，不要惊慌失措，可仔细阅读、对照一下说明书中有关副作用的描述。如果发现自己的症状在名单之列，说明你的副作用属"意料之中"。如副作用轻微，建议不要自作主张停药，如副作用严重或不在说明书中，应立即停药并尽快向医生反映。

错误应对方法

（1）认为服药种类多，药量大就效果好。

（2）躺着服药，干吞药片。服药时和茶、饮料、酒精等一起服用，或用热水送服。

（3）疾病未痊愈就随意增减药量、停药或者换药。

（4）认为中药无毒副作用。

（5）认为保健食品多吃没有坏处。

（6）听信广告、秘方，凭经验盲目用药或认为药价贵疗效就好。

（7）滥用抗菌药。只有细菌感染引起的感冒、拉肚子服抗菌药才有效。抗菌药物滥用和过量使用会引起不良后果，如诱发细菌耐药、导致二重感染、损害人体器官等。

预防·小·贴士

（1）在医师或药师指导下提高自我用药的知识和合理用药意识。

（2）选择毒副作用小的药品。若说明书列有禁忌症或者"慎用""忌用""禁用"的情况，决不可贸然用药。

知识链接

药品说明书术语

　　(1)药品储存术语：说明书上储存条件"常温"是指 $10 \sim 30℃$ ，"阴凉处"是指不超过 $20℃$ ，"凉暗处"是指避光并不超过 $20℃$ ，"冷藏"是指 $2 \sim 8℃$ ，可放在冰箱冷藏室保存。

　　(2) 禁忌证术语："慎用"是指用药时要小心谨慎，使用时要注意观察，出现不良反应立即停药；"忌用"就是避免使用，最好不用；"禁用"就是没有任何选择的余地，属于绝对禁止使用的药品。

三十三 永不触碰的危害 ◆毒品◆

福建省建瓯市警方在开展"飓风肃毒"活动清查某酒吧时抓获三位正在吸毒的"00后"小青年。据悉，三名中学生均有吸毒前科，因贪图"好玩、刺激"开始接触毒品，沉迷于吸毒，后被警方带走。

 知识点

1. 毒品

毒品是指鸦片、海洛因、甲基苯丙胺（冰毒）、吗啡、大麻、可卡因以及国家规定管制的其他能够使人形成瘾癖的麻醉药品和精神药品。

2. 毒品的种类

（1）传统毒品：鸦片、吗啡、海洛因、大麻、杜冷丁、古柯、可卡因、可待因等。

（2）新型毒品：冰毒、氯胺酮（K粉）、摇头丸、咖啡因、三唑仑、有机溶剂等。有的毒品制成糖片、跳跳糖、奶茶、橙汁冲剂、咖啡粉等常见食品的样式，让人难以分辨。警方特别提醒，上述新型毒品迷惑性很强，毒品效果持续时间较长，对吸毒人员极具诱惑力。

伪装成"零食"的新型毒品

3. 毒品的危害：毁灭自己、祸及家庭、危害社会

（1）毒品严重危害人的身心健康，损坏神经系统、免疫系统，还会因滥用注射剂染上传染病，比如艾滋病。

（2）毒品严重危害家庭和睦，使家庭破产、亲属离散、家破人亡。

（3）毒品可给社会带来诸多问题，可诱发其他违法犯罪，给社会安定带来巨大威胁。

👍 正确处理措施

（1）无论任何情况，绝不吸食任何毒品及兴奋剂。

（2）不随便接受陌生人的食物或其他可疑物品，不随便跟随他人进出歌舞厅及吸毒场所，不结交有吸毒、贩毒行为的人。自觉切断一切跟毒品相关的联系。

（3）发现亲朋好友在吸毒、贩毒，做到三点：一要劝阻，二要远离，三要报告公安机关。

（4）即使自己在不知情的情况下，被引诱、欺骗吸毒，也要珍惜自己的生命，坚定信念，不可继续吸毒。

（5）有人"邀请"吸毒，如何应对？

①直截了当拒绝："吸毒会上瘾，我不吸。"

②主动反击，立刻提出相反的建议转换话题："这些东西有什么好吸的，不如一起去看球赛吧！"

③金蝉脱壳，找个借口溜之大吉，例如"我先去下洗手间"。

④秘密报案，如果实在无法脱身或受到威胁时，趁人不注意偷偷告诉自己可以信赖的人，或者报警。

⑤先自救后救人。

错误应对方法

（1）精神苦闷，情绪低落，以吸毒麻醉自己，解脱苦恼。

（2）因好奇以身试毒，或抱侥幸心理，认为吸一次不会上瘾。认为摇头丸、K粉等不是毒品。

（3）盲目仿效吸毒者，崇拜吸毒的"偶像"；存在炫耀心理，认为有钱人才吸得起毒。

（4）听信"毒品能治病""吸一次不会上瘾""毒品能解脱烦恼和痛苦""毒品能给人带来快乐""吸毒很帅"等谣言。

（1）接受毒品基本知识和禁毒法律法规教育，了解毒品的危害，懂得"吸毒一口，掉入虎口"的道理。

（2）树立正确的人生观，不盲目追求享受、寻求刺激、赶时髦。

（3）选择有益的兴趣爱好和养成良好的生活习惯。不贪图享乐，鄙视不劳而获。

（4）远离毒品从远离烟酒做起，很多吸毒案例都是从吸烟开始的。

 知识链接

1. 为什么吸毒后容易上瘾？又不容易戒断？

毒品进入人体后，会使机体发生生理变化，产生一种新的机能。随着毒品在人体的代谢速度加快而血液中的有效成分降低，使之作用减弱，有效时间缩短，吸毒者从而被迫增加吸毒次数和吸毒数量，以求得快感。同时，神经细胞已适应吸毒后的生理变化。毒品在体内浓度不高时，吸毒者会出现精神、身体上的不适，这就造成了人体对毒品的依赖性，而且，越吸毒量越多，越吸毒瘾越大。

2. 导致青少年吸毒的原因主要有哪些？

（1）好奇心驱使，逐渐发展成瘾。在调查中占第一位的原因就是"体会感觉""抽着玩玩""试一试""尝新鲜""找刺激"。这种"试一试"的念头往往就是走上吸毒不归路的开端。

（2）思想空虚，寻找刺激。认为吸毒时髦、气派、富有。

（3）逆反心理，不相信吸毒上瘾后戒不了。特别是个性极强的人往往被自信心所蒙蔽。

（4）被欺骗、引诱吸毒。不少毒贩为扩大毒网，经常利用青年学生的无知多方引诱。

（5）环境影响，亲友间的互相影响。

（6）负面生活事件影响。感情脆弱、意志薄弱的人更容易发生。

（7）因治疗疾病，长期服用某种产生依赖性的药物成瘾，如止咳水、镇痛药等。

不可原谅的伤害 ◆ 性侵害 ◆

《梅州日报》报道，7月5日，云南省宣威市的一位学生家长向当地警方报警，龙场镇某村小学教师吴某涉嫌性侵小学生。从知情者处获悉，经医院检查后显示，被性侵的8名小女孩中，年龄最

大的 11 岁，最小的只有 5 岁。涉案教师目前已被刑事拘留。

知识点

1. 性侵害

性侵害是一种非自愿的性接触，或企图以暴力、威胁、引诱、欺骗的方式进行性接触，包括强奸和试图强奸、奸幼、乱伦和性骚扰。性侵害可以是身体上的，也可以不是身体上的。

2. 性侵害的主要形式

（1）暴力型性侵害：是指犯罪分子使用暴力和野蛮的手段，如携带凶器威胁、劫持女生，或以暴力威胁加之言语恐吓，从而对女生实施强奸、轮奸或调戏、猥亵等。

（2）胁迫型性侵害：是指利用自己的权势、地位、职务之便，对有求于自己的受害人加以利诱或威胁，从而强迫受害人与其发生非暴力型的性行为。

（3）滋扰型性侵害：一是利用靠近女生的机会有意识地接触女生的胸部，摸捏其躯体，在公共汽车、商店等公共场所有意识地挤碰女生等；二是暴露生殖器等变态式性滋扰；三是向女生

寻衅滋事，无理纠缠，用污言秽语进行挑逗或者做出下流举动对女生进行调戏、侮辱。

（4）诱惑型性侵害：是指利用受害人追求享乐、贪图钱财的心理，诱惑受害人而使其受到性侵害。

（5）社交型性侵害：是指在自己的生活圈子里发生的性侵犯，与受害人约会的大多是朋友、同学、同乡，甚至是男朋友。

3. 受害者性别

男女都会受到性侵害，总体上女性数量超越男性。

👍 **正确处理措施**

（1）独自外出注意观察周边环境，如果发现有人跟踪，尽快走向人多的地方，必要时大声呼救。

（2）临危不乱，保持良好的心理状态。在无法脱身的情况下，不能硬拼，要学会积极智取，避免自己遭受更大的伤害。可以先假装顺从对方，趁对方不备，予以还击。然后利用一定的条件使自己脱离困境。

（3）对他人的挑逗或无礼行为，一定要严厉拒绝、大胆反抗。义正词严的拒绝和反抗会有一定的震撼力，让对方害怕。如果对方的行为威胁到自身安全，还可以大声呼救，用拳头、肘、腿，甚至是牙齿来保护自己。必要时向身边人求救，并及时向学校有关领导和保卫部门报告，或拨打 110 报警，以便及时加以制止。

✋ **错误应对方法**

（1）害怕被报复，被性侵后自己忍受，不寻求帮助。

（2）轻易单独与网友见面。

（3）面临性侵害，保持沉默或怯弱，束手待毙。

（1）不要单独停留在僻静场所，例如楼顶晒台、公园假山、新建筑内等。不要单独外出，应该结伴而行，年龄太小者，应该由家长接送。不要和陌生人搭讪。

（2）参加社交活动或者与男性外出时，避免让自己处于危险的环境，约会地点应挑选人多且安全的地方，尽量避免两个人在封闭的空间里，不要在外面过夜。

（3）女性单独在家时，应当关好门窗，拒绝陌生人进屋。遇到周末或节假日，其他同学回家时，住校的女生最好不要独自一人住宿。

（4）外出时避免穿着暴露和妆容妖艳。

（5）树立思想防线，提高识别能力。学会抵制对方的威胁和利诱，避免落入他人的陷阱。不追求享乐，不贪图利益和实惠。不要在和男生交往中占小便宜，对一般异性的馈赠和邀请应婉言拒绝，以免因小失大。

（6）要自尊自爱，作风上要稳重，生活上要俭朴，不要刻意追求打扮；要大方得体，不要随意向异性撒娇，流露出对异性的喜爱，以免引起异性的非分之想。

（7）要注意谨慎地结交朋友，不要轻易与网友单独见面。对于不相识的异性，不要随便说出自己的真实情况，对自己特别热情的异性，不管是否相识都要加倍注意。避免接触超过正常范围。

（8）注意酒及药物通常与强暴有直接关系，当朋友或同学聚会时饮酒过量或使用迷幻性药物，可能带来严重的后果。注意在聚会时一定不能喝醉，务必要适可而止，保证自己的人身安全。

缺陷的免疫系统 艾滋病

（图片来自《重庆时报》）

据《江南晚报》报道，江苏省一名高中生和同学聚会，去了娱乐场所，然后发生了不该发生的事情。直到该同学高热多日，用了很多药都无济于事，医生决定做进一步检查时，才找到了他高热不退的原因——感染了艾滋病病毒！艾滋病离我们并不遥远，一旦感染艾滋病病毒后，就是终生携带。

 知识点

1. 艾滋病

艾滋病（AIDS）是获得性免疫缺陷综合征的简称，是由人类免疫缺陷病毒（HIV）引起的传染性疾病。HIV 攻击人体的免疫系统，使人体丧失免疫功能，容易被感染，发生恶性肿瘤，病死率很高。

2. 艾滋病病毒的传播方式

HIV 感染者外表和正常人一样，但其血液、精液、阴道分泌物、皮肤黏膜破损的渗出液里都含有大量的HIV，具有很强的传染性；唾液、泪水、汗液和尿液中也能发现少量HIV，传染性不大。因此，艾滋病病毒主要传播方式为性传播、血液传播和母婴传播。

（1）性传播。

性传播是目前全球HIV传播的主要途径。男性同性恋、异性恋、双性恋性接触均能感染HIV。男男同性性行为是导致青年学生群体感染增加的主要原因。

（2）血液传播。

血液传播的途径主要有以下三个方面：静脉注射吸毒传播、输血或使用血液制品传播和通过医疗行为传播。

（3）母婴传播。

感染HIV的母亲可在妊娠期间、分娩过程中或者产后哺乳期将HIV传染给胎儿或婴儿。

3. 不会传播艾滋病的途径

（1）与HIV感染者和艾滋病病人的日常生活、工作接触不会感染艾滋病病毒。

（2）一般的身体接触如握手、拥抱、共同进餐、咳嗽、打喷嚏不会感染艾滋病病毒。

（3）公共设施、办公用具、餐饮具、卧具、马桶圈、游泳池或者公共浴池等不会传播艾滋病病毒。

4. 艾滋病的表现

艾滋病的表现分为急性期、无症状期和艾滋病期三个阶段。

（1）急性期伴有发热、咽痛、盗汗、恶心、呕吐、腹泻、皮疹、关节痛、淋巴结肿大及神经系统症状。

（2）无症状期可从急性期过渡，也可以直接进入此阶段。这一阶段可持续 6～8 年，且没有明显表现。

（3）艾滋病期的主要表现为持续一个月以上的发热、盗汗、腹泻，体重减轻 10% 以上，持续性全身性淋巴结肿大等种种并发症。

👍 正确处理措施

（1）怀疑感染 HIV 后，应前往医院进行 HIV 检测，确诊后及时治疗。

（2）感染 HIV 后，洁身自爱，不要传染给他人。

（3）不要惊慌，保持良好心态，艾滋病虽然无法治愈，但只要愿意配合医院的治疗，正常生活和社会交往都不会受到影响。许多积极接受治疗的艾滋病患者，寿命与正常人相差无几。

（4）与艾滋病患者发生高危接触后的补救措施：

①皮肤污染：没有任何损伤的皮肤污染也必须用肥皂水和流动水冲洗，连续冲洗至少 5 分钟。使用 75% 乙醇或 0.5% 碘伏进行皮肤消毒。

②针刺伤和切割伤：如手及皮肤被针刺伤或割伤时，立即在伤口旁轻轻由近心端向远心端挤压，尽可能挤出损伤处的血液，边挤压边冲洗（禁止进行伤口的局部挤压）。用大量的流动水和肥皂水冲洗，连续冲洗 10 分钟。冲洗完毕后，对受伤部位的伤口立即使用 75% 乙醇或 0.5% 碘伏进行消毒。如有较大的伤口，经医疗处理后包扎伤口。

③眼睛、口腔黏膜溅入液体：若眼睛、口腔黏膜溅入液体，立即用生理盐水反复冲洗，必须迅速，避免揉擦眼睛，禁止用洗漱工具漱口，避免口腔出血，可以反复用清水漱口。眼睛冲洗和口腔清水漱口持续至少 10 分钟。

④预防性用药。及时服用抗病毒药物，可预防 HIV 的发生，但不能随意服用抗 HIV 病毒药物。因此，HIV 预防服药一定要请专家根据暴露级别和暴露源病毒载量水平进行综合分析，决定是否服药及服药方案。服药治疗在接触之后越快越好。

（1）出现感染艾滋病病毒的高危行为后，不愿意到医疗机构进行 HIV 检测，不愿意进行艾滋病药物阻断治疗。

（2）感染艾滋病病毒后进行没有保护的性行为，拒绝药物治疗。

（3）做出其他危害社会的行为，伤害自己和他人。

预防小·贴士

目前尚无预防艾滋病的有效疫苗，因此最重要的是采取预防措施。

（1）预防性传播：洁身自爱，遵守性道德，固定性伴侣；安全进行性行为，正确使用安全套，减少艾滋病、性病的传播。

（2）预防血液传播：珍爱生命，远离毒品，不与他人使用注射器吸毒；不擅自输血或使用血制品；不使用他人的牙刷、剃须刀等个人用品。

（3）预防母婴传播：感染 HIV 的妇女应避免怀孕；一旦怀孕应在医生的指导下考虑是否终止妊娠；选择继续妊娠者应采用抗病毒药物干预阻断传播，产后要避免对新生儿进行母乳喂养。

知识链接 ▏▏

1. 艾滋病的筛查与实验室诊断

艾滋病病毒感染的高危人群有男性同性恋、性乱者或有多个性伴侣者，静脉药瘾者，接受输血及血液制品者，血友病患者，父母是艾滋病病人的儿童等。高危人群是艾滋病筛查的重点对象。所有接受筛查者的信息均受到保护。

目前大多数三级医院和各级疾病预防控制中心可以做 HIV 初筛检查，确诊试验必须由疾病预防控制中心进行。一般抽取 2 毫升静脉血液进行初筛，两次阳性者再由疾病预防控制中心进行确诊试验。

HIV 抗体检测是诊断 HIV 感染的标准，HIV 抗体检测包括筛查试验（含初筛和复检）和确诊试验。

筛查试验 HIV 抗体阴性，见于未被 HIV 感染的个体和处于窗口期的新感染者。若筛查试验 HIV 抗体呈阳性反应，应进行重复检测。经确证试验 HIV 抗体阳性者，出具 HIV 抗体阳性确认报告，确诊为 HIV 感染，并按照规定做好咨询、保密和报告工作。

2. 艾滋病阻断药物

目前常用三种药物联合阻断，替诺福韦、拉米夫定和依非韦伦。1 ～ 2 小时内服用药物效果最佳，72 小时以内服用，阻断依然有效。超过 72 小时，HIV 的阻断成功率降低。服用阻断药物不是 100% 有效，但是可以最大限度地降低危险。服药期间会出现皮疹、头晕、恶心、乏力、厌食、腹痛、腹泻等副作用，少数人可出现肝功能异常等其他不良反应。

在服药后的 2 周、4 周需要查肝肾功能、血常规。在服药后的 1 个月、3 个月分别检测 HIV 抗体，确定 HIV 是否阻断成功。3 个月时检查 HIV 阴性，可以判定阻断成功。

3. 国家艾滋病防治政策

2006 年 1 月 29 日，国务院总理温家宝签署第 457 号国务院令，公布《艾滋病防治条例》，自 2006 年 3 月 1 日起施行。条例中的部分治疗与求助政策如下：

（1）医疗卫生机构应当按照国务院卫生主管部门制定的预防艾滋病母婴传播技术指导方案的规定，对孕产妇提供艾滋病防治咨询和检测，对感染艾滋病病毒的孕产妇及其婴儿，提供预防艾滋病母婴传播的咨询、产前指导、阻断、治疗、产后访视、婴儿随访和检测等服务。

（2）县级以上人民政府应当采取下列艾滋病防治关怀、救助措施：

①向农村艾滋病病人和城镇经济困难的艾滋病病人免费提供抗艾滋病病毒治疗药品；

②对农村和城镇经济困难的艾滋病病毒感染者、艾滋病病人适当减免抗机会性感染治疗药品的费用；

③向接受艾滋病咨询、检测的人员免费提供咨询和初筛检测；

④向感染艾滋病病毒的孕产妇免费提供预防艾滋病母婴传播的治疗和咨询。

（3）生活困难的艾滋病病人遗留的孤儿和感染艾滋病病毒的未成年人接受义务教育的，应当免收杂费、书本费；接受学前教育和高中阶段教育的，应当减免学费等相关费用。

（4）县级以上地方人民政府应当对生活困难并符合社会救助条件的艾滋病病毒感染者、艾滋病病人及其家属给予生活救助。

（5）县级以上地方人民政府有关部门应当创造条件，扶持有劳动能力的艾滋病病毒感染者和艾滋病病人，从事力所能及的生产和工作。

免费提供抗病毒药物

免费咨询和初筛检测

免费的母婴阻断药物及婴儿检测试剂

免收义务教育杂费、书本费

三十六 阳光校园的阴影 ◆校园欺凌◆

永泰县XX中学初三学生小黄自小学五年级起，就经常被其他同学无故殴打。中考前，小黄再次遭同班同学夏某、林某和张某围殴，忍痛2天后前往医院，被发现脾脏出血严重，经手术切除了脾脏。

知识点

校园欺凌的事件，时常在各地被报道，其中还有一些性质相当严重的恶性案件。

1. 校园欺凌

校园欺凌是指同学间欺负弱小的行为，校园欺凌多发生在中小学，由于国家实行的是九年制的义务教育制度，受害者会长期受到欺凌。欺凌过程蕴藏着一个复杂的互动状态，长期被欺负的同学会出现心理问题，影响健康，甚至不利于人格发展。

2. 校园欺凌的主要表现

骂：辱骂、中伤、讥讽、贬抑受害者。

打：打架、斗殴。

毁：损坏受害者的书本、衣物等个人财产。

吓：恐吓、威胁、逼迫受害者做其不愿意做的事。

传：网上传播谎言、人身攻击。

👍 正确处理措施

（1）明确自己不喜欢的行为：中学生必须认识到暴力行为是不正确的，或者有一些行为是不正常的，一些看起来无害的行为很有可能发展成为一场袭击，比如有人向孩子扔纸球，很快就会发展成校园欺凌。

（2）不要单独行动：校园欺凌的受害者往往是经过挑选的，因为欺凌者知道没有人会支持这些受害者，而且受害者通常会保持沉默。中学生必须融入一个团队，和朋友在一起，避免成为校园欺凌的受害者。受害者往往是有退缩行为或是被他人孤立的学生。

（3）学会说不：欺凌者往往认为受害者永远不会对欺凌者有怨言。受到欺凌时应该看着欺凌者的眼睛，坚定而明确地说："我不允许你这样做。"

（4）寻求帮助：受到校园欺凌时应该寻求老师的帮助。如果老师无视这件事，受害者必须告知父母和学校。如果学校没有对此事采取行动，家长应该以书面形式请求有关机构的帮助。

错误应对方法

（1）默默忍受。

（2）激怒对方。

（1）尽量低调，不要过于招摇。

（2）不要去挑逗比较霸道和强悍的同伴。

（3）上学、放学和活动时尽可能结伴而行。

（4）家长不能过度保护孩子。受到校园欺凌的孩子往往被家长过度保护，自我保护能力不强。

虚拟世界的诱惑
◀ 网络成瘾 ▶

据新闻报道，杭州一名13岁的学生因玩某游戏与父亲争吵后从四楼跳下。同年四月底，广州一名17岁少年狂打某游戏40小时，中间没有正常休息与进餐，意识到自己身体状况不妙后去医院检查，最后确诊为脑梗。

 知识点

1. 网络成瘾

网络成瘾又称网络过度使用症，主要是指长时间沉迷于网络，对其他事情没有兴趣，从而影响身心健康的一种病症。

2. 网络成瘾分类

按照《网络成瘾临床诊断标准》，网络成瘾分为网络游戏成瘾、网络色情成瘾、网络关系成瘾、网络信息成瘾、网络交易成瘾5类。

3. 网络成瘾的危害性

（1）互联网对青少年正确的人生观、价值观和世界观的形成有潜在威胁。青少年在互联网上接触的不良信息，会使他们的价值观产生倾斜，潜移默化影响正确人生观的形成。

（2）互联网使许多青少年沉溺于网络的虚拟世界。青少年一旦长时间脱离现实，会荒废学业。

（3）互联网对青少年健康的性心理培养有消极影响。据有关专家调查，在互联网上的非学术性信息中，有47%与色情有关，网络使色情内容更容易传播。而据不完全统计，有60%的青少年虽然是在无意中接触到网上色情信息的，但自制力较弱的青少年往往出于好奇或冲动会进一步寻找类似信息，从而深陷其中。

4. 网络成瘾的诊断

（1）对网络的使用有强烈的渴求或冲动感。

（2）减少或停止上网时会出现周身不适、烦躁、易惹、注意力不集中、睡眠障碍等戒断反应。上述戒断反应可通过使用其他类似的电子媒介，如电视、掌上游戏机等来缓解。

（3）下述5条内至少符合1条：

①为达到满足感而不断增加使用网络的时间和投入的程度。

②使用网络的开始、结束及持续时间难以控制，经多次努力后均未成功。

③固执使用网络而不顾其明显的危害性后果，即使知道网络使用的危害仍难以停止。

④因使用网络而减少或放弃了其他的兴趣、娱乐或社交活动。

⑤将使用网络作为一种逃避问题或缓解不良情绪的途径。

网络成瘾的病程标准为平均每日连续上网达到或超过 6 个小时，且符合症状标准已达到或超过 3 个月。

👍 正确处理措施

（1）应积极与父母进行沟通，让父母多参与自己感兴趣的活动，得到父母的理解、尊重和关心，减少上网的欲望。

（2）应加强自身的心理品质与控制力，积极采取措施转移注意力，经常性地参与各种文体活动、兴趣小组、特色培训班、社会实践活动和各种有益的夏令营等，陶冶自身情操。有意识地将视线从网络上转移，如想上网，则以看书、参加一些自己热爱的活动等替代。

（3）接受正常的性知识教育，消除神秘感和性苦闷。

（4）上网时，应有意识地克服自己的好奇心和欲望，避免上黄色网站。

✋ 错误应对方法

（1）无法拒绝网络的诱惑。

（2）迷信玩网络游戏可以开阔视野。

127

（3）迷信网络可以益智。

（4）认为网络中有现实生活中所没有的乐趣。

（1）建立一个明确的目标。

（2）培养其他的兴趣爱好，增加人际交往和沟通。

（3）增加锻炼身体的时间，做自己擅长并喜欢的事情，增加成就感。

（4）与朋友或是同学互相监督、鼓励，戒除网瘾。

食人的水老虎
◆溺水◆

重庆市开州区 XX 小学六年级学生吴某、陈某某、朱某某、王某某 4 人在当地映阳河、青竹溪交汇处玩耍时不幸溺水死亡。

造成溺水事故多发的主要原因是学生年龄小、安全意识差、擅自到缺乏安全防范措施的非游泳区域游泳。据世界卫生组织统计，溺水是世界各地非故意伤害死亡的第三大原因，占所有与伤害有关死亡的 7%，世界各地每年溺水死亡数估计超过 36 万例。

 知识点

1. 溺水

溺水又称淹溺，人淹没于水中，由于水或泥草等异物进入呼吸道（湿淹溺 80%～90%）或惊恐、寒冷使喉头痉挛（10%～20%），从而导致窒息。

2. 溺水发生的前兆

（1）头被浸没于水下，嘴巴露出水面。

（2）头向后倾斜，嘴巴张开。

（3）双眼无神，无法聚焦。

（4）紧闭双眼。

（5）头发盖住了前额或眼睛。

（6）看似直立于水中，腿无法运动。

（7）呼吸急促或痉挛。

（8）试图游向某个方向，却无任何前进。

（9）试图翻转身体。

（10）做出类似攀爬梯子的动作。

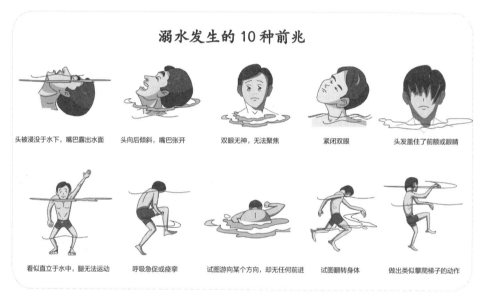

溺水发生的10种前兆

头被浸没于水下，嘴巴露出水面　　头向后倾斜，嘴巴张开　　　双眼无神，无法聚焦　　　紧闭双眼　　　头发盖住了前额或眼睛

看似直立于水中，腿无法运动　　呼吸急促或痉挛　　　试图游向某个方向，却无任何前进　　　试图翻转身体　　　做出类似攀爬梯子的动作

3. 溺水的主要表现

溺水时间在 1～2 分钟内，主要为短暂窒息的缺氧表现，获救后一般无大碍；溺水时间在 3～4 分钟内，可能会出现神志模糊、呼吸困难、口鼻血性泡沫痰、皮肤冷白、发绀等征象；溺水时间达 5 分钟以上，会出现神智昏迷甚至死亡。

👍 正确处理措施

1. 不会游泳者溺水

（1）不要慌张，迅速把头后仰，口向上，尽量使口鼻露出水面。

（2）调整好呼吸（呼气要浅，吸气要深），大声呼救。

（3）甩掉鞋子和口袋里的重物，但不要脱掉衣服，衣服可增大浮力。

（4）如果水面有坚固的漂浮物，要及时抓住它，耐心等待救援。

2. 会游泳者溺水

（1）发生小腿抽筋时，仰浮在水面上，用手向背侧弯曲抽筋的腿的脚趾，使抽筋缓解，然后慢慢游向岸边。

（2）发生手抽筋，仰浮在水面上，自己可将手指上下弯曲，用两只脚慢慢游向岸边。

水母漂

3. 延长待救时间

"水母漂"姿势：吸气后，全身放松漂浮在水面上，脸向下埋入水中，四肢向下自然伸直；需要换气时，双手向上抬至下颌处向下、向外压划水，双足前后夹水，顺势抬头吐吸气，随即低头闭气，继续呈漂浮状态。另外，浮在水中时，不可故意憋气，应自然缓慢吐气，以节省体力。

4. 救助溺水者

（1）若发现有人溺水，应立刻大声呼救，及时拨打 110 和 120。

（2）就地取材，可以将绑绳索的救生圈或长竿类的东西丢向溺水者，俯身拖拉其上岸，树木、矿泉水瓶等也可用来救人。

用长竿救助溺水者

（3）救上岸后，应立即清除溺水者口、鼻内的异物，以保持呼吸道通畅。如果出现心跳和呼吸停止，应该马上进行心肺复苏，直至医务人员到来。

✋ 错误应对方法

（1）惊慌，剧烈挣扎。

（2）有人来救时，死死抱住对方不放，不配合救助者施救。

（3）发现有人落水立即跳水救人。谨记：会游泳不代表你会救人，不要轻易下水救人。

预防·小·贴士

做到"六不"：

（1）不私自下水游泳。

（2）不擅自与他人结伴游泳。

（3）不在无家长或教师带领的情况下游泳。

（4）不到无安全设施、无救援人员的水域游泳。

（5）不到不熟悉的水域游泳。

（6）不熟悉水性的学生不擅自下水施救。尤其是遇到同伴溺水时，不要手拉手盲目施救，要智慧救援，立即寻求成人帮助。

危险的人山人海
◆ 踩踏伤 ◆

（来自百度新闻图片）

2014 年 12 月 31 日晚 23 时 35 分许，上海市黄浦区外滩陈毅广场发生群众拥挤踩踏事故，造成 36 人死亡，49 人受伤。

知识点

1. 踩踏与踩踏伤

踩踏一般是指在某一事件或某个活动过程中，因聚集在某处的人群过度拥挤，致使一部分甚至多数人因行走或站立不稳而跌倒未能及时爬起，被人踩在脚下或压在身下，短时间内无法及时控制、制止的混乱场面。踩踏伤在踩踏事故发生后造成大量人员伤亡。踩踏伤的伤情与受到踩踏力及受力部位有关，而因踩踏造成的内伤比外伤多。

2. 踩踏伤的主要表现

很多伤员表面并无伤口，但是内伤严重，常常伤及重要的器官和组织，造成受伤者发生昏迷、呼吸困难、窒息等严重后果。

（1）头面部踩踏伤：可致头面部破裂、口鼻出血、颅骨骨折甚至死亡。

（2）胸、腹部踩踏伤：可合并肋骨骨折、气胸、血胸、心脏或肺挫伤，导致呼吸突然停止、腹部重要脏器破裂、体腔内大出血甚至死亡。

（3）四肢踩踏伤：往往造成骨折、皮肤破损等。

👍 正确处理措施

（1）选择安全地点停留，不要在楼梯或狭窄通道嬉戏打闹。

（2）在拥挤的地方，有秩序地小心慢行，尽量抓住扶手，避免摔倒，或者左手握拳，右手握住左手手腕，双肘撑开平放胸前，形成一定空间保证呼吸。

（3）若不幸被人群挤倒后，双手十指交叉相扣护住后脑和颈部，两肘向前，护住双侧太阳穴。双膝尽量前屈，侧躺在地，身体蜷缩成球状，护住胸腔和腹腔的重要脏器。

拥挤时正确的姿势

被人群挤倒后，正确的保护姿势

 错误应对方法

（1）在人群密集的场所活动，不遵守秩序，逆行。

（2）遇到突发事件，惊慌、拥挤、起哄、制造紧张或恐慌气氛，盲目地四散而逃。

（3）踩踏事件发生后，施救过程中没有基本的颈椎腰椎保护便搬抬伤者。

预防·小·贴士

（1）少去人群密集场所活动。

（2）学会踩踏伤的自救和互救的基本方法。

可怕的燃烧

◆ 火灾 ◆

据报道，吉林省松原市扶余县万发乡中学一栋 400 多平方米的砖瓦结构的平房学生宿舍发生火灾。大火烧毁了 12 间学生宿舍，共 415 平方米。4 名初中生在火灾中丧生，11 名学生被烧成重伤。

知识点

火灾是由于火失去控制而蔓延形成的一种灾害性的燃烧现象，它通常造成人或物的损失。在各种灾害中，火灾是一种发生率较高，严重威胁公众安全和社会发展的主要灾害之一。

正确处理措施

（1）保持镇静，不要贪恋财物，迅速撤离。

顺着避难方向逃生

湿毛巾掩口逃生

（2）顺着避难方向指标，进入安全梯逃生。

（3）用湿毛巾或手帕掩口，可避免浓烟的侵袭。

（4）浓烟中采取低姿势爬行，头部愈贴近地面愈佳。

（5）不可搭乘电梯，因为火灾时往往电源会中断，会被困于电梯中。

（6）沿墙面逃生，不会发生走错的现象。

（7）身上的衣物着火，应迅速将衣服脱下或撕下，或就地翻滚将火压灭。

（8）当无法等待救援时，在二楼或三楼的人员可利用房间内的床单或窗帘卷成绳条状，或屋外排水管逃生。

（9）在室内待救时，设法告知外面的人你待救的位置，让消防队员能准确施救。

衣物着火，就地翻滚压灭

设法告知待救位置

✋ 错误应对方法

（1）冒险跳楼逃生。

（2）从低往高处逃生。

（3）向光亮处逃生。

（4）盲目跟着别人逃生。

（5）从进来的原路逃生。

（1）家中无人时，应切断电源、关闭燃气阀门。

（2）不要卧床吸烟，乱扔烟头。

（3）不携带易燃、易爆等危险品到人员密集的公共场所。

（4）人员密集场所的安全门或安全出口都有明显标志，平时应多加留心。

火场逃生自救口诀

● 熟悉环境 出口易找　　● 保持镇静 有序外逃

● 慎入电梯 改走楼道　　● 火已及身 切勿惊跑

● 被困室内 留守为妙　　● 远离险地 不贪不闹

● 发现火情 报警要早　　● 简易防护 匍匐弯腰

● 缓降逃生 不等不靠　　● 火警电话：119

某天下午放学时分，三名女中学生背着书包结伴回家，在途经星海街苏绣路斑马线时，三人拉着手想要快速通过马路，便闯了红灯，刚走到马路中间，一辆直行的轿车避让不及，一头撞了上去，将三名女生撞飞。所幸三名女生被紧急送往医院救治后均无生命危险。

知识点

中国青少年研究中心一项全国性调查显示，孩子比成人更易受到交通事故的伤害。

1. 儿童及青少年自身存在交通隐患的原因

（1）儿童及部分青少年的身材比较矮小，他们的视野不能越过小轿车、长凳或灌木，而他们也很难被司机观察到。

（2）儿童通常对声音的来源很难判断准确，他们总会在发现声音来源之后东张西望；6～8岁时，儿童尚未树立自我安全意识，也不能感知危险情况。

（3）孩子很容易注意力转移，本能地把思想集中在自己的乐趣当中，无法顾及危险的到来。

2. 儿童及青少年存在交通隐患的外因

（1）骑"飞车"。遵守交通规则的意识淡薄，部分儿童及青少年骑着自行车与机动车比速度。

（2）注意力不集中。这是最主要的原因，表现为行人在走路时边看书、边听音乐，或者左顾右盼、心不在焉。

（3）在路上进行球类活动。

（4）城市道路设计方面还缺乏对儿童及青少年这些弱势人群的特别保护。当然最主要的是，青少年、儿童缺乏交通安全意识和在交通中的自我保护技能。

👍 正确处理措施

1. 具备行路常识

（1）路上行走要走在人行道上，没有人行道的要靠路边行走；群体行进要列队，横排不要超过两人。

（2）横过车行道，须走人行横道、人行过街天桥或地道，在没有这些标志、设施而须直行通过时，不要在车辆临近时突然横穿；长队伍横过车行道时可视情况分段通过，有条件的可佩戴明显标志，如小黄帽等；不准横过划有中心实线的车行道。

（3）行路时要注意各种信号灯的指示，尤其是路口红绿灯、人行横道信号灯和车辆转向灯的变化。

（4）不要在车行道、桥梁、隧道或交通安全设施等处逗留；不要在路上玩耍、抛物、泼水、散发宣传单或进行妨碍交通的活动。

（5）不要穿越、攀登或跨越隔离设施。

2. 具备骑自行车常识

目前我国中学生上学、放学大多以骑自行车为主，特别是在城市，应注意以下几点。

（图片来自易车网）

（1）12岁以下儿童不能骑车。

（2）不要骑快车、追车等。

（3）过马路时要下车，应走人行横道。

（4）骑车不慎，难以保持平衡将要跌倒时，可选择保护性摔倒。

✋ 错误应对方法

（1）行人不走人行道。

（2）不躲让车辆，突然横穿公路。

（3）横穿公路时，边走边玩手机。

（4）骑自行车追车，与车辆抢行，骑车带人。

（1）认真学习交通安全常识，自觉遵守交通秩序。

（2）靠路边行走，横过道路走斑马线，做到"一停、二看、三通过"。

（3）不闯红灯、不乱穿道路、不在道路上嬉闹玩耍，不越护栏、不追车扒车、不抛物击车。

（4）排队乘车，不向窗外乱扔东西，从右侧下车，不乘坐带病车、超载车和农用车。

（5）骑车靠右，不逆行、不双手离把、不互相追逐、不扶身并行、不突然猛拐。

（6）遇交通违法行为及时纠正，遇交通事故主动报警。

（7）主动宣传交通安全法规，积极参加交通安全社会公益活动。

四十二 **闪光的天幕** ◆雷电◆

据新闻报道，大连气象台主持人刘晓东正在给中国气象频道出外景新闻时，刚说几句话，就突然感觉手臂一麻，还看到了手和雨伞上的电流火花，随即暂停录制。

（图片来自"新闻大连"微信公众号）

📖 知识点

（1）雷电是伴有闪电和雷鸣的一种雄伟壮观而又令人生畏的放电现象。

（2）雷电的特点：具有很大的电流、很高的电压。雷电的发生常伴有强烈的阵雨和暴风，有时还伴有冰雹和龙卷风。从季节来讲夏季最活跃，冬季最少；从地区来说赤道附近最活跃，随纬度增高而减少，极地最少。

（3）雷电发生前兆：乌云密布。

（4）雷电种类：雷电可为直击雷、感应雷（雷电感应）和球形雷三种类型。

①直击雷：直接击在建筑物或其他物体上的雷电叫作直击雷，直击雷是威力最大的雷电。

②感应雷（雷电感应）：是由于雷电流的强大电场和磁场变化产生的静电感应和电磁感应造成的。它能造成建筑物内的导线，接地不良的金属物导体和大型的金属设备放电而引起电火花，从而引起火灾、爆炸或对供电系统造成危害。

③球形雷：球形雷常由建筑物的孔洞、开着的门窗进入室内，遇到易燃易爆的物质，就可造成燃烧或者危害更大的爆炸。

👍 正确处理措施

（1）关闭门窗，关闭家用电器，拔掉电源插头，防止雷电从电源线入侵。

（2）不要使用电话、电脑，将座机电话线拔掉、网线拔掉、手机关机。

雷雨天气，远离孤树

（3）遇雷雨天气，尽量不外出。

（4）在室外时，要及时躲避；如果在荒郊野外，不能站在树下避雨。一时找不到避雷的地方，要远离孤树两倍高度距离外，然后蹲下，降低身体的重心，最好不要坐在散乱的石块中间。

错误应对方法

（1）站立于楼顶、山顶上。

（2）使用水龙头、太阳能热水器。

（3）接触天线、水管、铁丝网、金属门窗等。

（4）骑摩托车和自行车。

（5）带铁柄雨伞遮雨。

雷击的处理

（1）夏季乌云密布时，查看天气再外出。

（2）雷电发生时，不要打电话。

（3）雷雨将至时，立即停止室外游泳、划船、钓鱼等水上活动。

 可怕的地壳运动
◆ 地震 ◆

据新闻报道，四川省北部阿坝州九寨沟县发生 7.0 级地震，震中位于九寨沟核心景区西部 5 公里处比芒村，截至 2017 年 8 月 13 日 20 时，此次地震造成 25 人遇难，525 人受伤，6 人失踪。

图片来自中新网

知识点

1. 地震

地震又称地动、地震动，是地壳快速释放能量过程中造成的震动，期间会产生地震波的一种自然现象。地球上板块与板块之间相互挤压碰撞，造成板块边沿及板块内部产生错动和破裂，是引起地震的主要原因。地震开始发生的地点称为震源，震源正上方的地面称为震中。破坏性地震的地面震动最烈处称为极震区，极震区往往也就是震中所在的地区。

2. 地震的特点

（1）地震在瞬间发生，作用的时间很短，最短十几秒，最长两三分钟就造成山崩地裂，房倒屋塌，使人猝不及防、措手不及。

（2）地震使大量房屋倒塌，造成严重人员伤亡。

（3）地震能引起火灾、水灾、有毒气体泄漏、细菌及放射性物质扩散，还可能造成海啸、滑坡、崩塌、地裂缝等次生灾害。

3. 地震发生前兆

（1）微观前兆：人的感官不易觉察，须用仪器才能测量到的震前变化。

（2）宏观前兆：人的感官能觉察到的震前变化，一般在临近地震前发生。这些征兆主要有：

①动物出现异常：例如，老鼠白天出洞，不畏追赶；冬眠的蛇提前出洞；狗狂吠不止，咬人，乱跑乱闹；动物园里的动物萎靡不振，不吃食等。

②地下水出现异常：地震前，地下含水层在构造变动中受到强烈挤压，从而破坏了地表附近的含水层的状态，使地下水重新分布，造成地下水的突然大幅度上升或下降，味道也会发生改变。

③出现地光和地声：临震前的数小时至数分钟，大地会出现粉色或强烈的光，还可能出现如飞机飞过的"嗡嗡声"，或者开山放炮般的巨响。

👍 **正确处理措施**

（1）不要惊慌失措，保持镇静，就地避震。

（2）当发生地震时你在家里，找到卫生间、厨房等空间小且易形成坚固三角空间的地方蹲下，震后迅速撤离，以防强余震。

发生地震时，蹲下躲藏

（3）当发生地震时你在学校，要听从老师的安排，迅速离开教室；不能及时离开的，双手抱头趴在课桌下。

（4）当发生地震时你在商场、电影院等公共场所时，避免向人群处拥挤，双手抱头迅速趴在桌柜下、排椅下，注意避开吊灯、电扇等悬挂物。

（5）当发生地震时，若在室外，切记不要往室内跑，立马找空旷的地方避震。

（6）当发生地震时不幸被建筑物埋压，首先要保持冷静，用衣服、毛巾捂住口鼻，尽力寻找水和食物，创造生存条件，等待救援。

✋ 错误应对方法

（1）地震一停立即回屋。

（2）乱跑和跳楼。

（3）停留在围墙边、电线杆边。

（4）逃跑时乘坐电梯。

（5）躲在阳台、窗户边上。

地震发生时，禁止乘坐电梯

根据政府部门发布的地震预报，储备一些必要的物品：水、食物、常用的药物、手电筒、衣被等。

知识链接 |||||||||||||||||||||||||||||||||||||||||||||||||||||||||||||||||||||||||||||

世界上主要的地震带

（1）环太平洋地震带：太平洋的周边地区，包括南美洲的智利、秘鲁，北美洲的危地马拉、墨西哥、美国等国家的西海岸，阿留申群岛、千岛群岛、日本列岛、琉球群岛以及菲律宾、印度尼西亚和新西兰等国家和地区。这里是全球分布最广、地震最多的地震带，全球约80%的地震都发生在这里。

（2）欧亚地震带：从地中海向东，一支经中亚至喜马拉雅山，然后向南经我国横断山脉，过缅甸，呈弧形转向东，至印度尼西亚；另一支从中亚向东北延伸，至堪察加，分布比较零散。

（3）海岭地震带：分布在太平洋、大西洋、印度洋中的海岭地区（海底山脉）。

四十四 肆虐的水狮 ◆洪水◆

（图片来自新华社）

2017 年 7 月，由于连日暴雨，我国湖南省境内江河湖泊水位暴涨，长沙湘江突破有纪录以来的历史最高水位，湖南长沙重要地标橘子洲景区被突如其来的洪水"穿洲"而过。

知识点

洪水是指一个流域内因集中大暴雨或长时间降雨，汇入河道的径流量超过其泄洪能力而漫溢两岸或造成堤坝决口导致泛滥的灾害。

正确处理措施

（1）夏天暴雨季节，听从家长或学校的组织与安排，进行必要的防洪准备，或是撤退到相对安全的地方，如防洪大坝以上或是当地地势较高的区域。

（2）如果来不及撤退，尽量利用一些物体如沙袋、石堆等堵住房屋门槛的缝隙，减少水的漫入，一旦洪水进入屋内，立刻切断室里电源，迅速爬上屋顶。

（3）房屋不够坚固的，要寻找门板、木床等可漂浮物自制木（竹）筏逃生，或是攀上大树避难。

（4）如果已被洪水围困，不要惊慌，要利用通信工具，设法尽快与外界联系，准确报告自己的方位和险情，积极寻求救援，同时也可以用晃动衣服或树枝，大声呼救等方法发出求救信号。

（5）如果已经被卷入洪水中，一定要尽可能抓住固定的或能漂浮的东西，例如大树、衣柜等，寻找机会逃生。

（6）不幸被卷入洪水中，发现高压线铁塔倾斜或者电线断头下垂时，一定要迅速远避，防止直接触电或因地面"跨步电压"触电。

（7）洪水过后，要做好各项卫生消毒防疫工作，预防疫病的流行。

错误应对方法

（1）洪水来了，盲目下水游动逃离，致使体力消耗殆尽。

（2）撤离时，爬上电杆、高压线铁塔或者泥坏房屋顶躲避逃离。

（1）连日暴雨及强降水之后，注意收听当地的气象预报及政府相关部门发布的自然灾害预报。

（2）洪灾的产生与围湖造田、乱砍滥伐等破坏生态环境的行为有关，因此保护生态环境、植树造林是我们每一个公民应尽的责任。

据新闻报道，甘肃省舟曲县爆发特大泥石流，造成 1270 人遇难，474 人失踪，舟曲县 5 公里长、500 米宽区域被夷为平地。

（图片来自南方周末）

 知识点

1. 泥石流

泥石流是在山区或其他沟谷深壑、地形险峻的地区，因为暴雨暴雪或其他自然灾害引发的携带有大量泥沙以及石块的特殊洪流，是山区特有的一种介于流水与滑坡之间的自然地质现象。

2. 泥石流的特点

具有突然性、流速快、流量大、物质容量大、破坏力强、重复受灾等特点。常常会冲毁公路、铁路等交通设施，冲进乡村、城镇，淹没人畜、毁坏土地，造成村毁人亡。

3. 泥石流发生前兆

（1）河水异常。如果正常的河水突然断流或水位突然增高，并夹有较多柴草、树木时，可能河（沟）上游已形成泥石流。

（2）异常声响。如果在山上听到沙沙声，但找不到声音的来源，这可能是沙石的松动、流动发出的声音。如果沟谷深处变昏暗并伴有巨大轰鸣声或轻微震动感，说明泥石流正在形成。

👍 正确处理措施

（1）不要慌张，立即丢掉重物，尽快逃生。

（2）果断选择安全路径逃生，向与泥石流呈垂直方向的两边山坡上面爬，爬得越高越好，跑得越快越好。

（3）向地质坚硬，不易被雨水冲毁的没有碎石的岩石地带逃生。

（4）选择平整的高地作为营地，避开有滚石和大量堆积物的山坡下面。

（5）发现受伤人员，立即清除其口、鼻、咽喉内的泥土及痰、血等，保持呼吸道的通畅；如有外伤应先采取止血、包扎、固定等方法处理，等待救援。

✋ 错误应对方法

（1）丢弃通信工具，放弃向外界求助的工具。

（2）顺着泥石流方向逃生。

（3）往地势空旷，树木生长稀疏的地方逃生，甚至爬到树上躲避。

（4）停留在就近山坡的土质松软、山体不稳定的斜坡上、凹坡处或者山谷沟口处。

预防·小贴士 ♥

（1）夏汛季节出去旅游，一定要和父母提前查看旅游地天气情况，尽量避免雨季到山区沟谷旅游。

（2）如果出门旅游沿山谷徒步时一旦遭遇大雨，要迅速转移到安全的高地，不要在谷底过多停留。

（3）雨季穿越沟谷时，先要仔细观察，确认安全后再快速通过。

（4）泥石流的产生和活动程度与生态环境质量有密切关系，我们每一个人都有保护和改善山区生态环境的责任。

知识链接

泥石流的形成是多种因素综合作用的结果，一般而言要具备三个基本条件：地形条件、地质条件和水文气象条件。

1. 地形条件

一个产生泥石流的区域，即有利于积蓄泥土、石块等松散的物质和汇集水源的区域；一个通道，多为狭窄而深的峡谷或者冲沟。

2. 地质条件

一般都是地质构造复杂、岩石风化破碎、构造运动活跃、地震频发、崩塌滑坡灾害多发的地段。

3. 气象水文条件

泥石流的发生与短时间内大量的流水有密切的关系。所以，泥石流一般多发生在夏秋汛季，特别是在连续降雨、暴雨后。

附录一　心肺复苏急救法

一、心肺复苏

心肺复苏急救法是指当患者心脏骤停和呼吸停止时，立即采用胸外按压和人工呼吸进行抢救的一种救命方法。

急性心肌梗死、脑卒中、严重创伤、电击伤、溺水、挤压伤、踩踏伤、中毒等多种原因都会引起呼吸、心搏骤停。当心跳呼吸突然停止时，全身重要器官会发生缺血缺氧，脑组织将发生不可恢复的损伤。抢救生命的黄金时间是 4 分钟，现场及时开展有效的抢救非常重要，因此掌握心肺复苏急救方法，可以挽救更多的生命。

二、徒手心肺复苏流程

1. 评估现场环境是否安全：确认现场环境安全。

2. 判断病人意识：轻拍肩重呼喊："喂，喂，你怎么了？"

3. 呼救：例如高声呼喊"快来人啊！这里有人晕倒了！麻烦这位女士帮忙拨打一下 120"。

4. 判断颈动脉及自主呼吸。

5. 胸外心脏按压：将患者置于硬板上，呈复苏体位，解开衣裤，胸外按压 30 次为一个循环。

6. 口对口人工呼吸：检查口腔有无舌后坠及活动性义齿，将头偏向一侧清理口鼻分泌物；压额抬颏法打开气道，捏住患者鼻孔口对口人工呼吸两次。

7. 继续做胸外心脏按压和人工呼吸，做完五组循环后再检查复苏是否有效：颈动脉搏动及自主呼吸恢复，瞳孔对光反射，面色、口唇、甲床色泽转为红润，肢端温暖，心肺复苏成功，转入 ICU 进一步治疗。

8. 复苏成功，整理好病人衣裤，把头偏向一侧防止误吸，注意保暖。

心肺复苏

附录二 常见安全标志

一、禁止标志

禁止标志 不准或制止人们的某些行为。

二、警告标志

警告标志 警告人们可能发生的危险。

159

三、指示标志

指示标志 向人们提供某一信息，如标明安全场所。

四、遇险求救电话

报警 110　　火警 119　　医疗救护 120　　交通事故报警 122